日本住宅庭院导读

日本住宅庭院导读

[日] 猿田仁视 编
潘潇潇 译

广西师范大学出版社
· 桂林 ·
images
Publishing

目录

庭院与住宅的和谐之美

自古以来，日本人一直与自然和谐相处。风、雨、雪这些自然现象有时会给人们带来威胁，对它们有力的应对方式始终是尊重、热爱并适应自然。

即便城市在不断发展着，这一相处模式仍然在日本独特的庭院中多有体现。如今，日本的庭院形式出现了很多变体，如坪庭，或者说微型庭院花园，它们给都市人带来了丰富的自然体验。庭院中的景观园艺是随着茶道的发展而成熟起来的，有很多规律可循。园艺大师努力在日式庭院的“小世界”里展现野性的自然——用小山丘代表山川，用小池塘代表湖泊。他们还种植了大大小小的树，并在树与树之间铺设垫脚石，为来访者提供一处能歇脚并尽情欣赏花园景致的地方。

传统的日式庭院有几个关键要素，如花园池塘，指的是在庭院中央设置溪流、瀑布或池塘。这一实践有着一定的渊源：长期以来，日本人一直习惯从河中取水，因此在建筑的南侧设置池塘和小溪可以满足人们的取水需求，同时还能缓解日本夏季湿热的气候。园艺大师喜欢在庭院内种植莲花，增设岩石岛，并建造微型半岛、水湾和沙洲，以此来表现自然的元素。

这些池塘和溪流的源头通常是一个小瀑布。小瀑布一般有2~3米高，岩石的布局决定水的流量、流速和水流的美感及声音。事实上，干涸的瀑布也可以使人联想到流动的水，枯山水景观就是用白色的沙砾代替池塘里的水，并用扫帚在其上画出代表涟漪和波浪的线条。

岩石也是庭院的关键要素之一，有些庭院，如石庭，完全是用岩石打造的。它们的布局也有很多的规则，例如，人们会将奇数块岩石摆放在不等边三角形阵列内。不同类型的岩石有不同的用途，例如，如果用作铺路石或台阶，人们更喜欢用天然的、未经处理的岩石，保留它们的形状和颜色。

岩石的一个主要的用途是用来打造踏脚石。踏脚石的摆放方式多种多样，影响着人们行走的方式、行走的步数及所见的风景，从而影响着人们对庭院的体验。

日式庭院的设计者们专注于表现本土景观，将自然元素融入其中。日式庭院的布局方式也极具创意，充分地展现自然元素的美感，日式庭院确实是自然界的缩影。如今，传统日式庭院已在很多方面发生了变化，但建筑师仍然努力地将住宅（内部）和庭院（外部）联系起来。在对住宅进行设计时，无论住宅有多小，与外界建立联系都是至关重要的。在日语中有一个短语“teioku ichinyo”，其字面意思是“庭院与住宅形影不离”，表达了内部与外部统一的重要性。

实现这种统一的关键要素是屋檐。这一建筑要素存在很多的变体——从庙宇和神殿的宏伟屋檐到小房子的简单悬挑，但它们的基本功能都是保护容易受损的木材和土墙免受风雨的侵蚀。在日本，木质建筑一直沿着自己独特的道路发展着。看那些古老的日式房屋的屋檐，你可以感受到木质建筑的优雅。屋檐的形式和细节是日本建筑中非常值得注意的一个方面。屋檐的深度、外边缘和地面之间的距离以及它们的细节设计，都影响着人们欣赏庭院景观的方式。日本的建筑师必须仔细考虑如何才能让建筑足够坚固，以应对夏季的台风、冬季的暴风雪以及全年都可能出现的各种坏天气。屋檐需要承受暴雨、大雪和台风的冲击，它影响着整个建筑的坚固性，也为建筑师提供了施展才华的空间。建筑师们竭尽所能，运用自己的经验、创意和智慧打造出既坚固又轻盈、美观的屋檐。庭院和住宅通常是由一个面向庭院并配以深屋檐的阳台联系起来的。就是在这个中间地带，人们得以坐下来，闻闻花香、听听鸟鸣，感受着微风，或是凝望从屋檐倾泻而下的雨幕。尽管他们每天都过着普通的生活，却有机会通过所有感官来享受自然之美，甚至还可能会创作出关于大自然的诗歌。这绝对是一种精致的消遣方式。

除了屋檐，窗户是日本建筑的另一个独特的要素。从圆形窗户到雪见障子，这些设计都使建筑的取景方式得到了完善。人们可以在房子里穿行，也可以坐在榻榻米上，透过这些窗户欣赏风景。这些风景可能是“借来的风景”，也可能是小小的坪庭，随着时间的变化，它们仿佛一幅幅不断变幻的绝美画作。

“光影之美”也是日本建筑的一个引人注目的要素。人们从洒满阳光的庭院走到光线柔和的屋檐下，再进入逐渐变暗的住宅内，其间，光线的渐变以及光与影的强烈对比产生了一种独特的美。谷崎润一郎敏锐地感受到了这种阴影中的美感，并在他的散文《阴翳礼赞》中描写了日本人对这种极致光线的欣赏。

我在自己的建筑设计作品中，也一直有意识地将自然光线引入室内，并在光与影之间找寻平衡。正是谷崎的散文让我意识到，我是多么热衷于描绘光影之美。我认为这种对光影的描绘深深地根植于日本人的基因中。

阳光照向门窗、墙壁和立柱时所形成的阴影，将“魅力、节制和尊严”带入空间。当人们从昏暗的室内向外眺望庭院景观时，瞳孔会突然收缩，继而感受到心中的愉悦。屋檐的设计、中间地带的创建和窗户的位置体现了室内外的密切联系，住宅与庭院的和谐统一带来的美感与光影的平衡是日本建筑的传统和精髓所在。

CUBO 建筑设计事务所
猿田仁视

地点 /
日本，滋贺县

面积 /
263 平方米

完成时间 /
2019

设计 /
Hearth 建筑事务所

摄影 /
山田悠太（Yuta Yamada）

水口之家

让树从各个房间都能被看到

这栋住宅位于水口宿的古老街道上，水口宿是东海道53个宿场（驿站）中的一个。尽管在江户时期，这里被修整过，但是社区道路和空间依然狭窄、拥挤。因此，想要在街道与住宅之间留出较大的空间是不可能的。场地的位置虽然不错，但是东南角的位置对于建造房屋来说难度不小。因此，设计团队将内院设置在场地的东南角，这样布置不仅解决了场地限制带来的问题，也使居住环境更加丰富。

住宅的外墙是用烧杉板打造的，这是一种传统的日式材料。场地前的空地仅有6米宽，场地面积也不大。这栋住宅在规模上只能算是日本滋贺县的一栋小房子，而周围的房屋都是单层的，而且面积很大。

场地内有一个如画般的花园。建筑师运用来自日本岐阜县的青枫和秋叶，由苔藓和蕨类植物构成的灌木丛，以及石头来表现日式花园的特点。

一楼是主要功能区，其中客厅、餐厅面朝庭院，并设有厨房和淋浴的供水设施。二楼设有书房、主卧室和儿童房。从儿童房里可以看到院内的树，从主卧室旁边的阳台可以俯瞰整个庭院景观。

内院有一棵落叶树，从住宅的任何位置都能看到这棵树。夏季时，这棵树枝繁叶茂，能起到遮阳的作用；冬季时，树叶凋落，阳光照进住宅。业主可以通过这棵树感受时间和季节的变换。

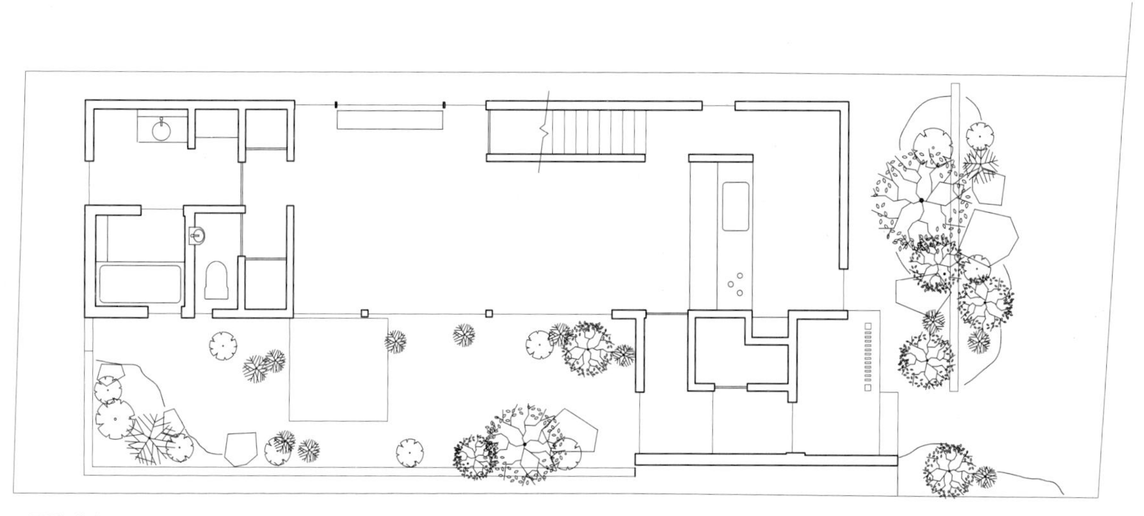

一层平面图

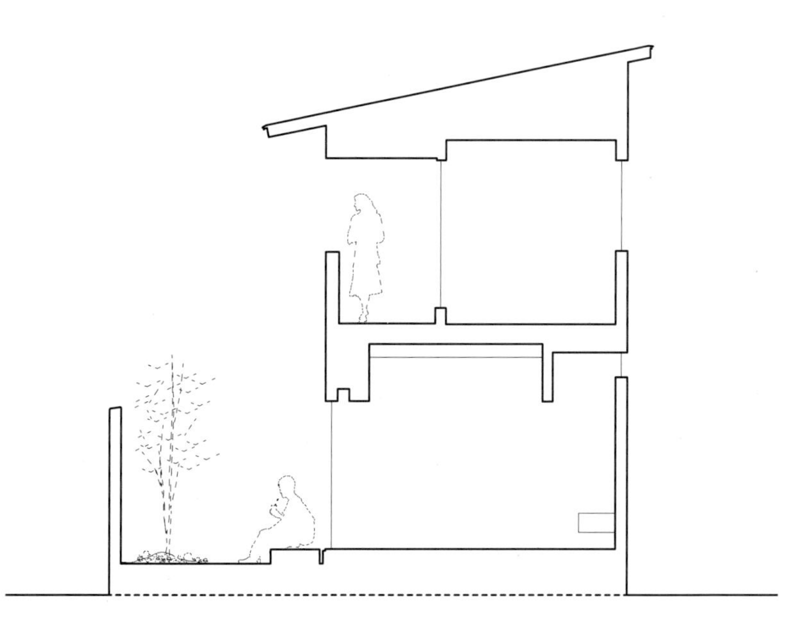

立面图

地点 /
日本，名古屋市

面积 /
471 平方米

完成时间 /
2014

设计 /
保坂猛建筑事务所

摄影 /
藤井厚二（Koji Fuji），
Nacasa & Partners 摄影公司

院落式住宅

夏天也宜居

项目场地位于名古屋城以西约1千米处，附近街区的建筑是一些两层高的住房，还有一些十几层高的公寓楼。

名古屋市的夏天很热，下暴雨时，积水可高出街面 50 多厘米。综合考虑了这些问题后，设计团队为一个三口之家设计了这套宁静、舒适的住宅。

他们利用场地面积很大的优势设计了一个单层院落式住宅，住宅中央是一个庭院。住宅的各个区域不仅起到了遮挡行人视线以保证庭院私密性的作用，而且能在夏季阻挡直射的阳光，同时还营造了一个生活空间，为业主带来室内外不同的生活体验。

为了防止积水带来的安全隐患，设计团队设计的地面高度比前街高出 75 厘米。除此之外，他们尽可能使用硅藻土砌筑内墙，让业主感受到泥土的自然气息。室外小花园内还栽种了一棵树，业主可以透过小窗户看到外面的树叶。

此外，庭院一侧的窗户和室外小花园一侧的小窗户使整栋住宅的空气流通变得顺畅起来，因此，即便在炎热的夏季，这栋住宅也非常适合居住。花园庭院里用土砂浆铺就的小路为业主提供了一条捷径，室内外空间的规划将日常生活区与菜园和花园融为一体。

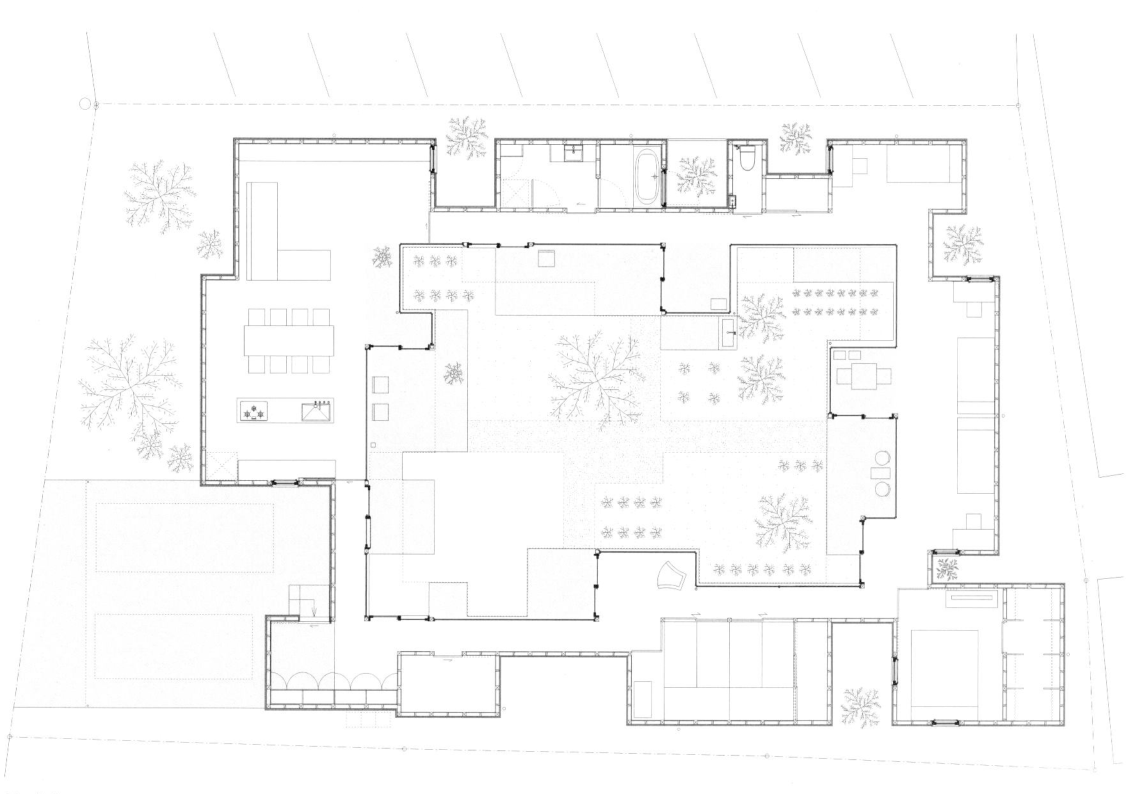

平面图

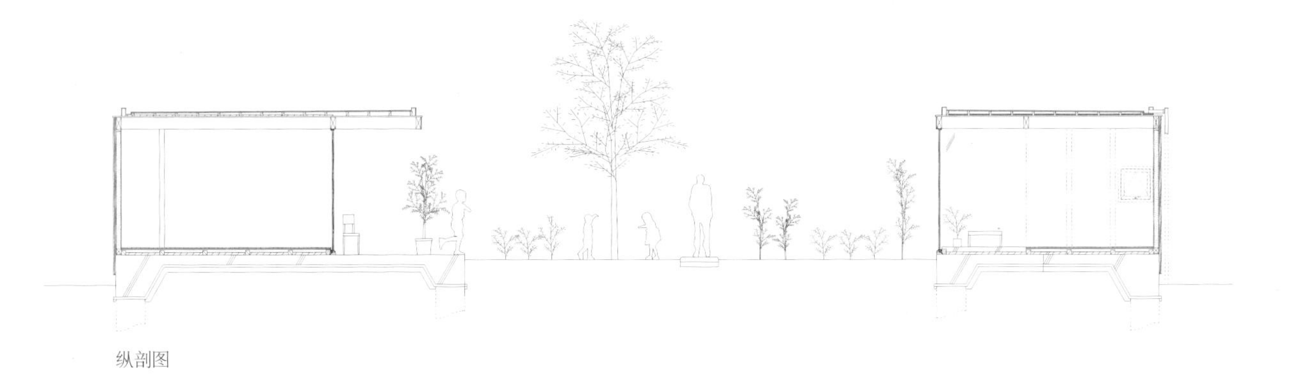

纵剖图

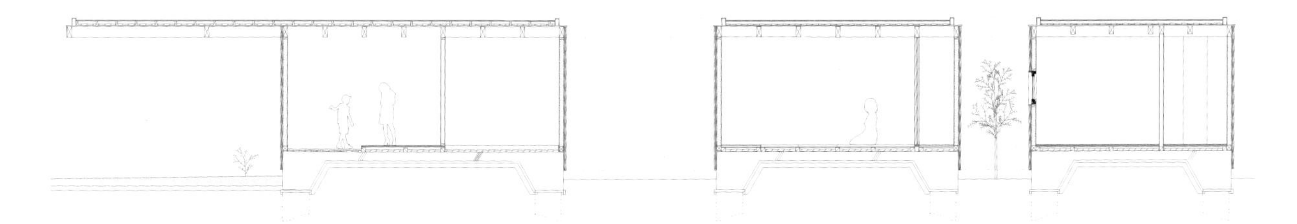

横剖图

地点 /
日本，大府市
面积 /
121 平方米
完成时间 /
2018

设计 /
1-1 Architects 建筑事务所，ENZO 事务所
摄影 /
1-1 Architects 建筑事务所

YO 住宅

以墙壁展开的设计

这是一个住宅翻新项目，是为一对年轻夫妇和他们的孩子打造的。现有建筑是钢筋混凝土结构，大约建于 50 年前，与同一场地的主体房屋相邻。采用钢筋混凝土结构的一个缺点是，很难改变建筑的平面，因为墙壁起着支撑结构的作用。业主的要求是在不改变结构的前提下翻新饰面并保证住宅的私密性，同时让这座房子可以代代相传。

花园 30 年来疏于打理，显得比较落败。设计师想通过修复来创建适合现代房屋的花园，因此划分不同区域设计各种居住场所，并尽可能不改变花园中已经存在的植物。

LUCKY PLAZA

在这个项目中，设计师关注的是墙壁与开窗之间的关系。如果他们在不改变混凝土骨架的前提下，用符合现代尺寸标准的新家具替换旧的家具，骨架和家具之间便会出现缝隙。当然，他们可以采用合适的方式填补缝隙，铺装墙面。然而，设计师选择通过增加家具与骨架之间的L形缝隙的深度来升华建筑的历史感，并打通室内外空间。这样做还能起到扩展各个房间用途的作用：装饰，防雨，遮挡来自主体房屋的视线等，也带来了更多开展家庭户外活动的可能性。

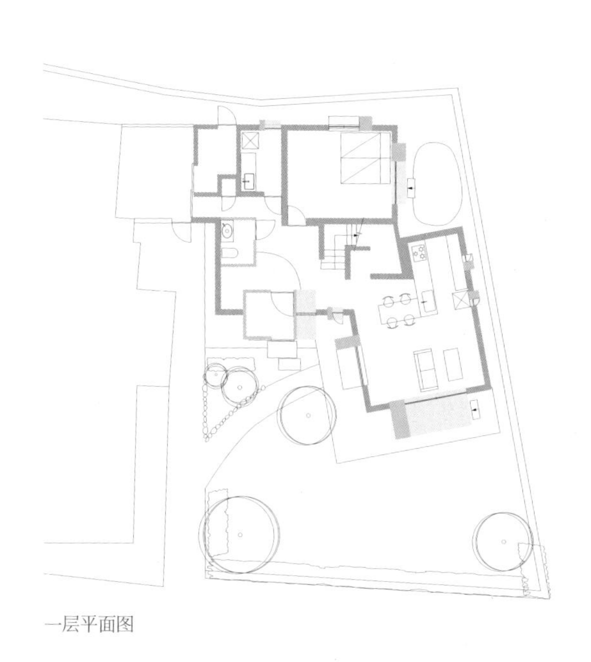

一层平面图

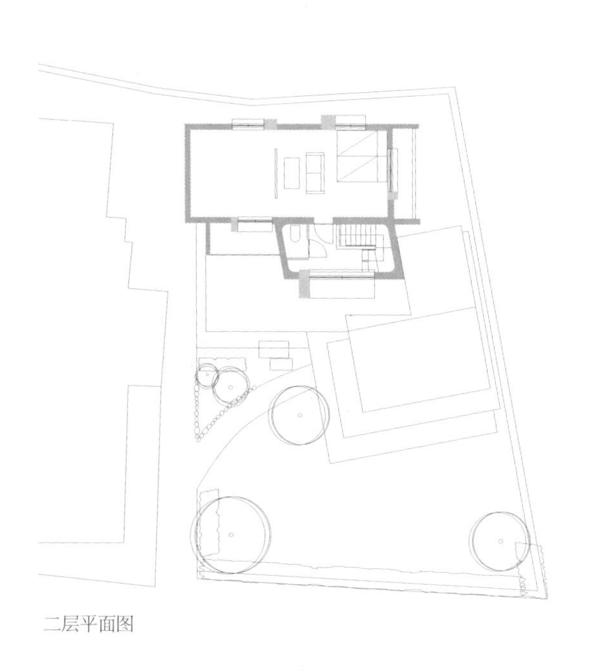

二层平面图

地点 /
日本，东京市

面积 /
91 平方米

完成时间 /
2010

设计 /
保坂猛建筑事务所

摄影 /
藤井厚二（Koji Fuji），
Nacasa & Partners 摄影公司

内外一体住宅

在天窗下栽种植物

这栋住宅位于东京市，是为一对夫妇和他们的两只猫打造的。设计师的想法是，打造一个适合人与猫共同居住的房屋，而不是让猫住在一个为人设计的房屋里。最终，这一想法变成了一个概念：让住户待在屋内却有身处室外的感觉。

建筑呈不规则四边形，与场地形状一致。屋顶和墙面设计了开窗，阳光、微风和雨水可以通过这些开窗进入建筑，这样人们即使在室内也会有身处室外的感觉。天窗下方的地面上栽种了植物，雨水可以从开窗进入，浇灌植物。

雨水的落地区域会随着风向的变化而发生改变，因此，你总能找到不会被淋湿的区域。住的时间长了，你就能根据经验发现雨水的落地区域与物品、家具和你所处的位置之间的关系。

在夏季，人和猫都生活在自然通风的环境中，换句话说，他们生活在与外界差不多的环境中。在大风天或天冷的时候，人可以关上玻璃拉门，待在屋内或客厅里。雨后，猫沿着没有雨水的路线行走，去洒满阳光的地方打盹儿。夫妇二人则打开玻璃拉门，待在楼上的客厅内，欣赏雨后的美景。

生活在现代的人们尝试以现代的方式减少能源消耗，并与自然和平共处，这是一种积极的尝试。如今，住在房子内的夫妇二人和他们的猫虽然每天都会受到天气情况的影响，但这种身处室外的感觉给他们的生活带来了新的图景。

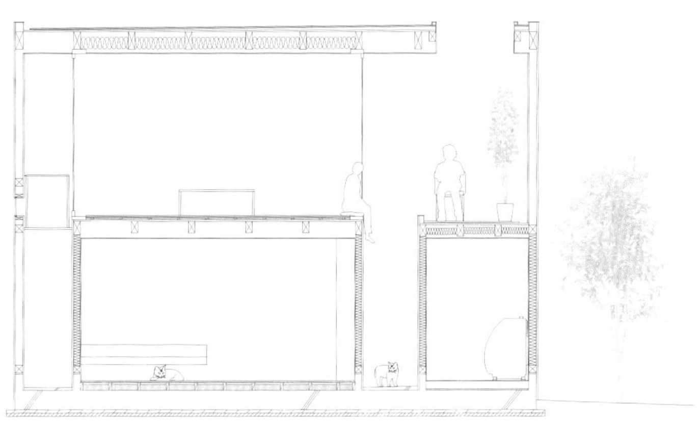

剖面图

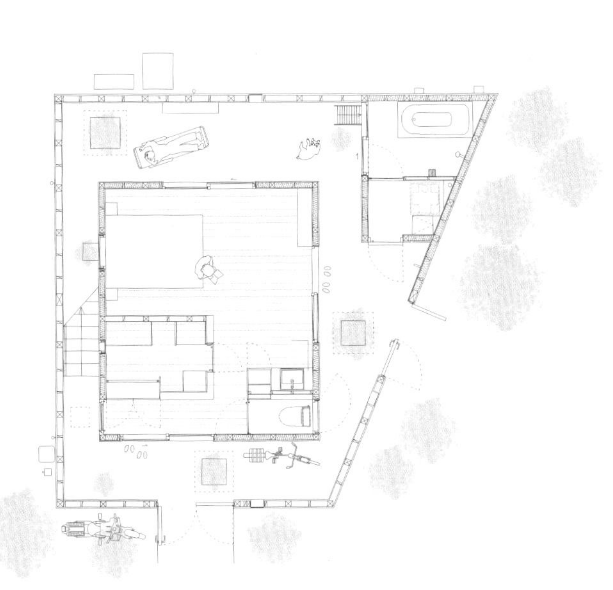

一层平面图

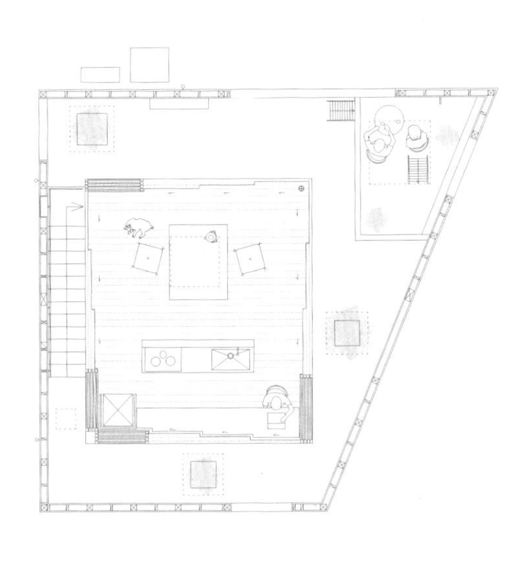

二层平面图

WAIKIKI
AUSTIN POWERS
AUSTIN POWERS
AUSTIN POWERS
AUSTIN POWERS

地点 /
日本，滋贺县

面积 /
116 平方米

完成时间 /
2017

设计 /
Hearth 建筑事务所

摄影 /
山田悠太（Yuta Yamada）

土山之家

住宅内外都种上植物

这栋住宅的南北方向较为封闭，新鲜空气和阳光难以进入，因此，设计师将主要功能区设置在二楼，将主卧室、儿童房和卫生间设在一楼入口处。另外，设计师还在住宅的前方和后方设置了底层架空柱和交通路线。

设计师在住宅内外都种上了植物。住宅内栽种了一种泰国的蕨类植物，以及其他很容易生长的室内植物。住宅外栽种的是从日本岐阜县山上移栽过来的树木——秋叶、青枫等落叶树。

业主可以在屋内感受到自然的气息，以及时间和季节的变换，让四季为这一简单而宁静的日式空间赋予美感。

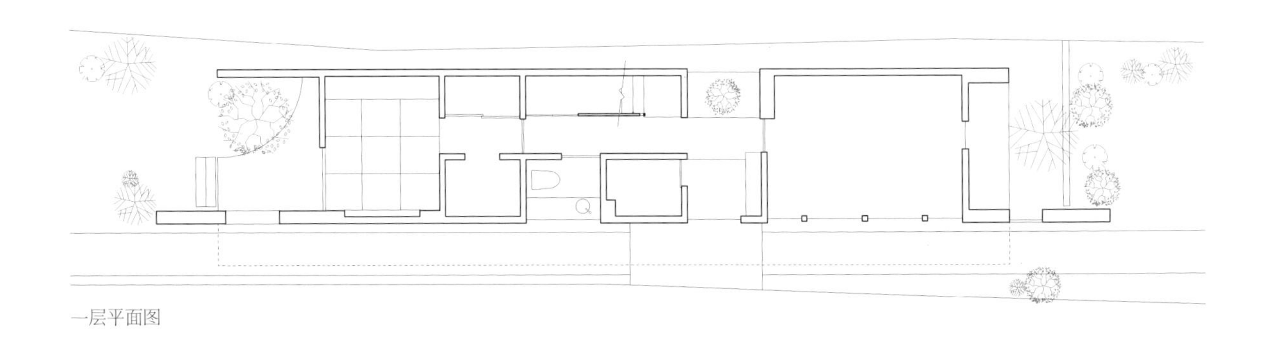

一层平面图

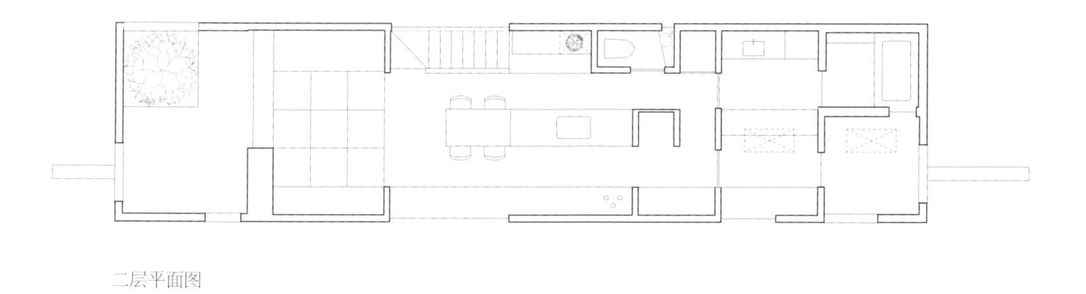

二层平面图

地点 /
日本，横滨市

面积 /
307 平方米

完成时间 /
2017

设计 /
保坂猛建筑事务所

摄影 /
藤井厚二（Koji Fuji），
Nacasa & Partners 摄影公司

小机住宅

带有半开放式庭院的住宅

这栋住宅位于横滨市的一个小山顶缓坡的转角地段。项目场地曾被用作停车场，周围有几栋双层住宅和公寓。

小机住宅只占据了场地的部分区域，其他区域设置了 5 个停车场和 2 个面向街道的私人停车位。原有的自动售卖机被原位保留。

该住宅通过外墙与周围环境分隔开来，立面上只设有一道门和几个简单的小窗，以减少周围环境带来的影响——自动售卖机的声音、夜间的车灯、汽车尾气和停车时产生的声音等。

小机住宅在独立于周围环境的同时兼顾了开放性。日常所需的生活空间（客厅、餐厅、厨房、卧室和儿童房等）仅占据了这栋住宅一半的空间，剩下的那一半空间被打造成开放式庭院。公共空间是室内最大的区域，设计师为住宅留出了大量的“多余”空间，以满足业主招待访客和举办活动的需求。

被漆成棕色的木质立柱和主梁横跨整个天花板，次梁则被漆成白色。面向庭院的窗户被打开时，庭院便与室内联系起来。这时候，住宅便有了一半室内一半室外的氛围。

“多余”空间可以用作吃饭、读书的场所，起到餐厅和书房的作用，这使得住宅内原本的必要空间被解放出来，转而成为新的“多余”空间。必要空间和“多余”空间不时地互换角色。

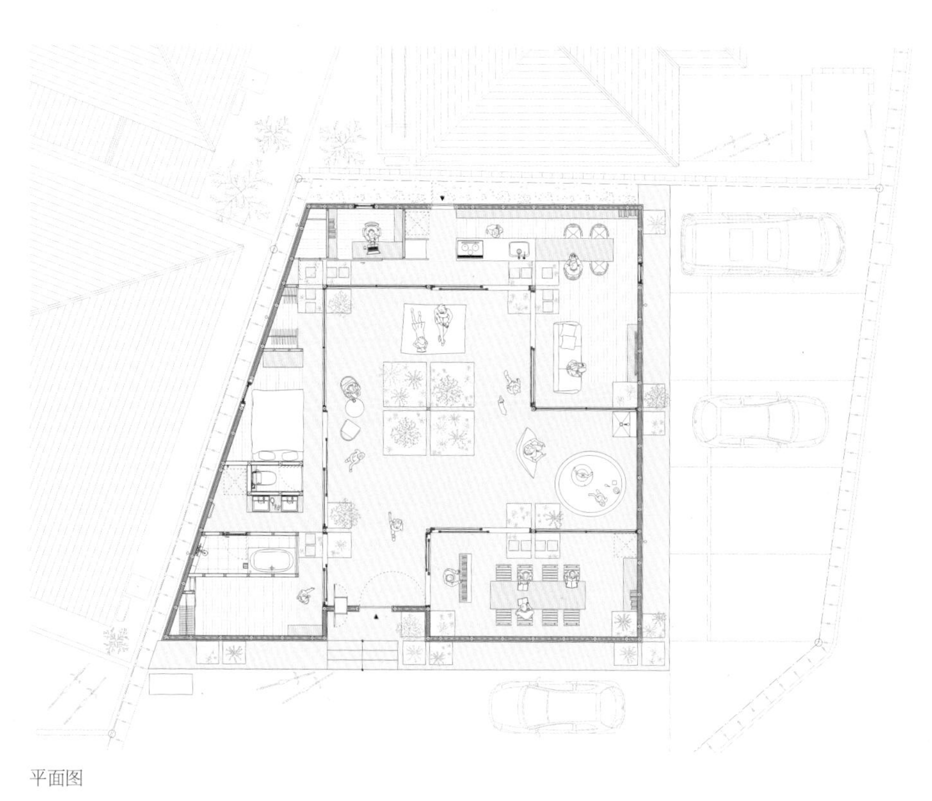

平面图

地点 /
日本，古贺市

面积 /
451 平方米

完成时间 /
2019

设计 /
高桥胜建筑设计事务所

摄影 /
高桥直（Nao Takahashi）

古贺市住宅

设计一个 U 形庭院式住宅

这是一栋木质的单层庭院式住宅，住宅设计对生活区域、社区及开阔的场地进行了综合考虑。

这个可以满足无障碍需求的场地是项目设计的先决条件。设计团队的目标是建造一栋能够使外部空间完全融入日常生活的住宅，同时还要考虑私密性的问题，并与当地社区建立联系。为此，设计团队提议建造一栋 U 形庭院式住宅。主要居住空间逐渐地从公共空间向私人空间转变：中央花园周围的游廊→入口 + 客房→客厅→餐厅→私人空间和单行道。

为了应对这种变化，设计师调整了在各个空间内观赏花园的方式，以保证业主在欣赏美景的同时，私密性需求也不会受到影响。即便是在公共入口处，人们在欣赏花园美景的同时，也可以随意使用不同的空间。此外，即便访客被邀请到客厅，西侧的空间——U 形平面最深的部分，也可以被分隔出来，形成一个独立的私密空间，而且这个私密空间内还设有供水系统。

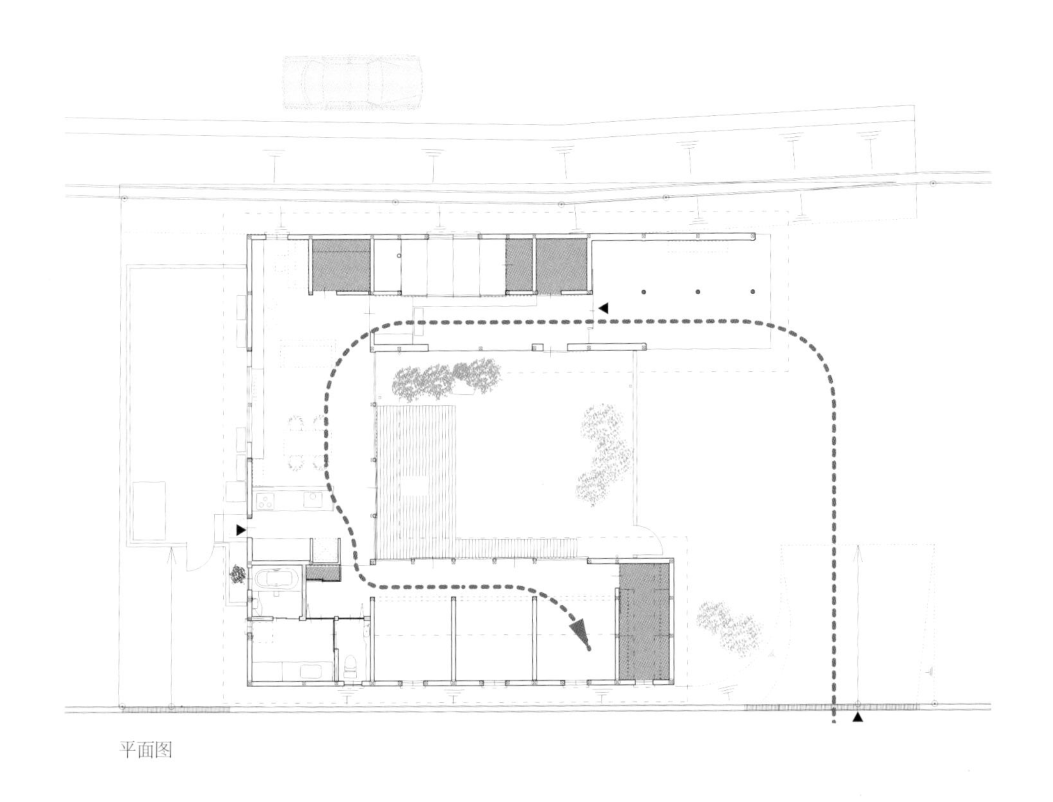

平面图

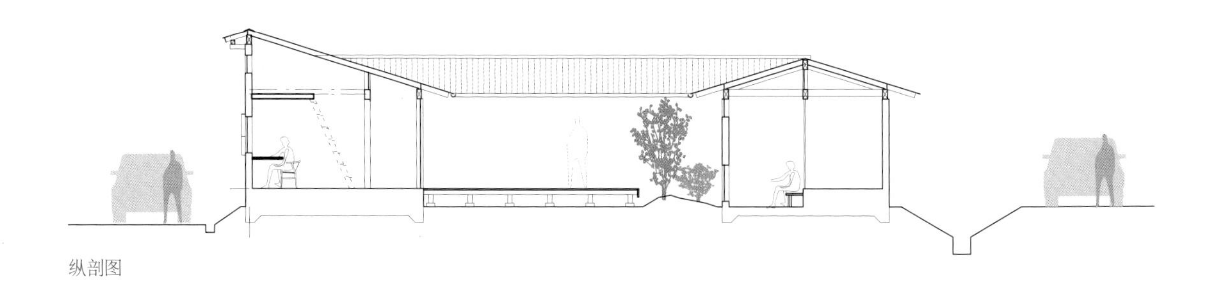

纵剖图

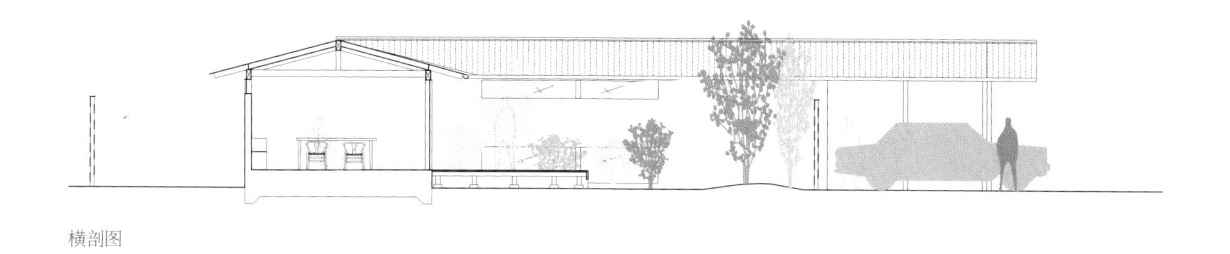
横剖图

地点 /
日本，大阪市

面积 /
111 平方米

完成时间 /
2016

设计 /
SPACESPACE 工作室

摄影 /
鸟村浩一（Koichi Torimura）

蘑菇住宅

基于五边形场地的设计

这栋住宅的主人是一对上班族夫妻，他们都有自己的时间安排，而且这些时间安排并不总是一致的。因此，设计团队希望能够放大他们的相处时光。

这栋住宅位于一座小山的山脚，在这里，古老的民居沿着平缓的坡地排列，但并不像新住宅区那般规整。这块五边形的场地位于一条倾斜道路的尽头，道路的另一端是车站。

场地边界线的中央有一根电线杆。如果在南面建造花园，在北面建造停车场，那么电线杆就会与建筑立面重叠。因此，建筑体量在电线杆周围排布，并被分成两个部分：一部分位于城市环境（由街区和电线组成）的轴心；另一部分位于自然环境的轴心（正东方向）。这样业主在房间内就可以享受晨光和美景。

住宅一楼有一个比较大的厨房，因为烹饪区和用餐区是生活的中心。这个空间的旁边有一个种植果树和香草的花园，附近的农场中也可以种植果蔬。由夯土制成的围栏、长凳、花坛和楼梯，让室外也成为他们的活动空间。

设计团队还将二楼的私人空间与一楼的活动区联系起来，并让建筑与城市空间实现多元连接，而没有将业主的视线限定在室内。

止まれ

平面图

剖面图

地点 /
日本，名古屋市
面积 /
107 平方米
完成时间 /
2016

设计 /
Velocity 工作室
摄影 /
Velocity 工作室

有六个交错屋面的住宅

小公园般的空间

该住宅所处的区域地势起伏不平，这里的房屋都是通过堆砌泥土使地面变得平整的。附近多数的房屋都被高墙环绕着，道路一侧设有停车场。平坦的场地、围墙和停车场拉开了私人居住空间和城镇之间的距离，同时又将风景和道路联系起来。六片屋顶相互叠压，顺应地面的起伏。

每片屋顶板的倾斜角度都是经过设计的，使室内高度从中心向两侧逐渐降低。宽敞明亮的生活空间位于住宅的中央，两侧高度较低的房间则与周边房屋的高度相适应。各个屋顶板的最高点和最低点的对角连线的坡度比较平缓，以便于控制雨水流向。相叠的屋顶板边缘略微翘起，留出可供空气流动和光线穿过的空隙，强化了住宅与自然元素的联系。屋顶板下表面的曲线与起伏不平的地势相呼应。

住宅内的庭院向两侧相邻的街道微微倾斜，形成小公园般的空间，迎接前来拜访的邻居，增进房屋主人与街坊邻里的关系。学校里的孩子和街坊们都对这栋住宅非常感兴趣，在施工期间就经常与业主闲聊这里的设计。据说一个邻居参观完建成的住宅后，很喜欢庭院内的那棵树，索性在自己的庭院里也种了一棵。设计师在为一些杂志拍摄作品照片时，注意到对面的房屋也被粉刷成与这栋住宅一样的白色，他认为这栋随道路和地形起伏而建造的住宅有助于重建社区的邻里关系。

平面图

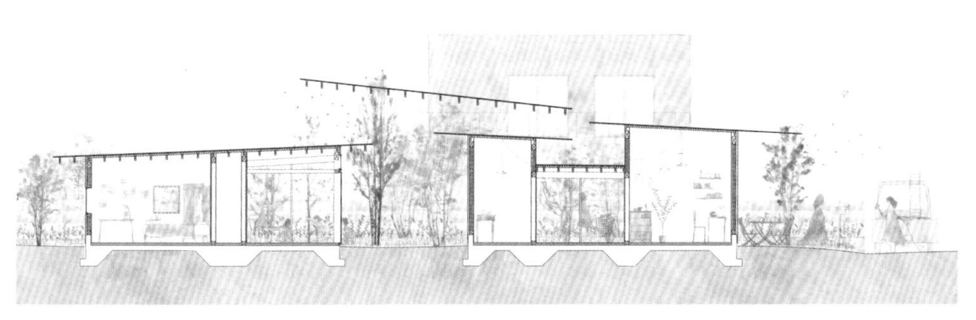

剖面图

地点 /
日本，冈崎市

面积 /
250 平方米

完成时间 /
2019

设计 /
Velocity 工作室

摄影 /
新建筑社（Shinkenchiku-sha）

Yanagibata 住宅

26 个小住宅的组合

这栋住宅兼具私人美容院和家庭住宅的功能。项目场地位于十字路口的边上，公交站和人行道也被整合其中。

设计师打造了 26 个相连的小型建筑，业主可以根据需要进行使用。几个小型建筑连在一起，形成了一个大的生活空间。26 个小型住宅构成了一个开放的空间，斜向走道是场地内的一条近路。设计着重考虑了独立建筑相互间的连接方式。

いしかわ内科
クリニック
ココ

用餐空间被玻璃包围，天花板也足够高，使得这个空间比较明亮。业主在这里用餐时可以看到天空，也可以欣赏花园景观，这样的设计进一步将内部与花园融为一体。设计师通过确定其余建筑物的位置保证了用餐空间的私密性。

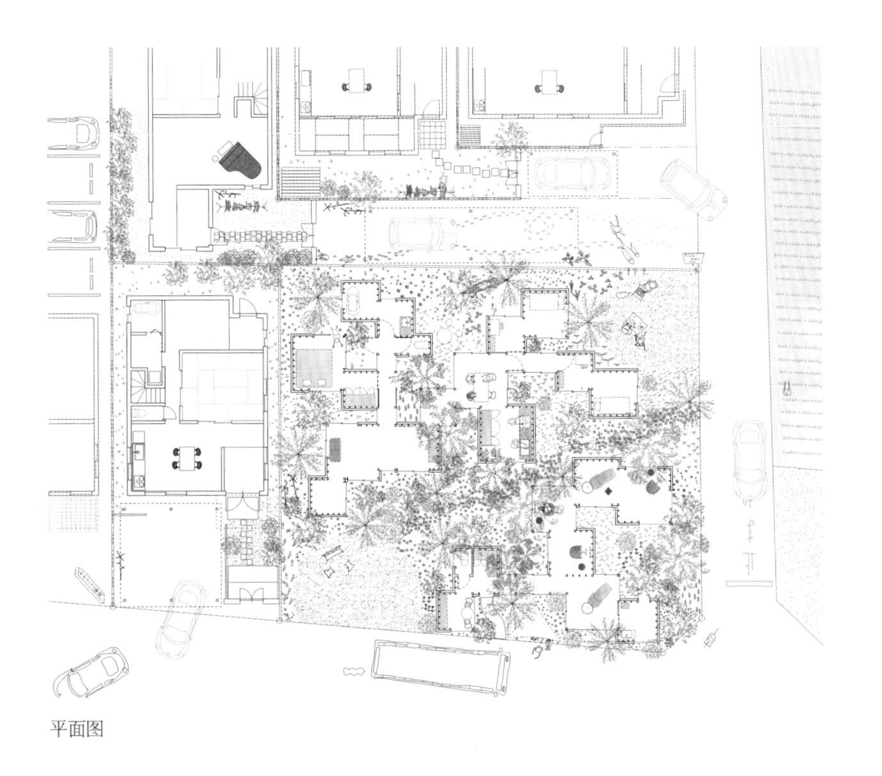

平面图

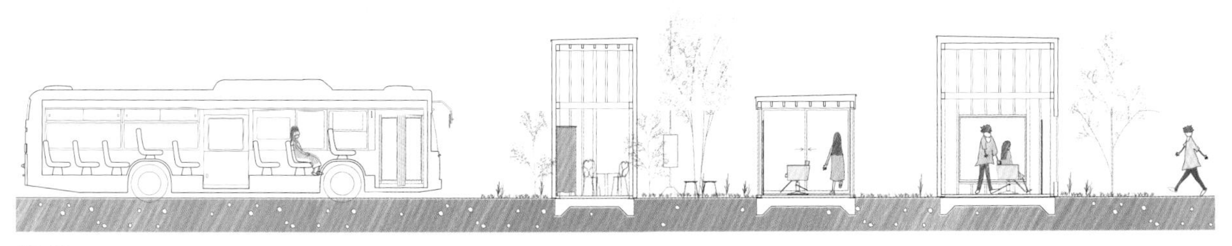
剖面图

地点 /
日本，镰仓市

面积 /
153 平方米

完成时间 /
2019

设计 /
G 建筑工作室

摄影 /
岛大辅（Daisuke Shima）

日式旅馆住宅

在两栋住宅间设置花园

该项目场地位于人口密集的住宅区内，较窄的一侧面向大海。设计师计划建造小型主屋及其附属建筑，并在场地中央设置日式花园。

业主希望建造两栋独立的房屋，并将它们作为一个整体出租出去，提高房屋的租赁价格。两栋建筑之间的活动通道使住户可以同时欣赏到海景和日式花园的景致。

主体房屋的一楼是餐厅，住户可以在这里欣赏到海景。二楼是居住空间。旧木头、旧工具、园林石及园林灯等古董散布在建筑周围，其中大部分都是业主从日式老宅里回收来的。为了使新建筑与旧物件相协调，房屋的外观设计上使用了生锈的铁质材料，这也是一种可持续性的设计。

总平面图

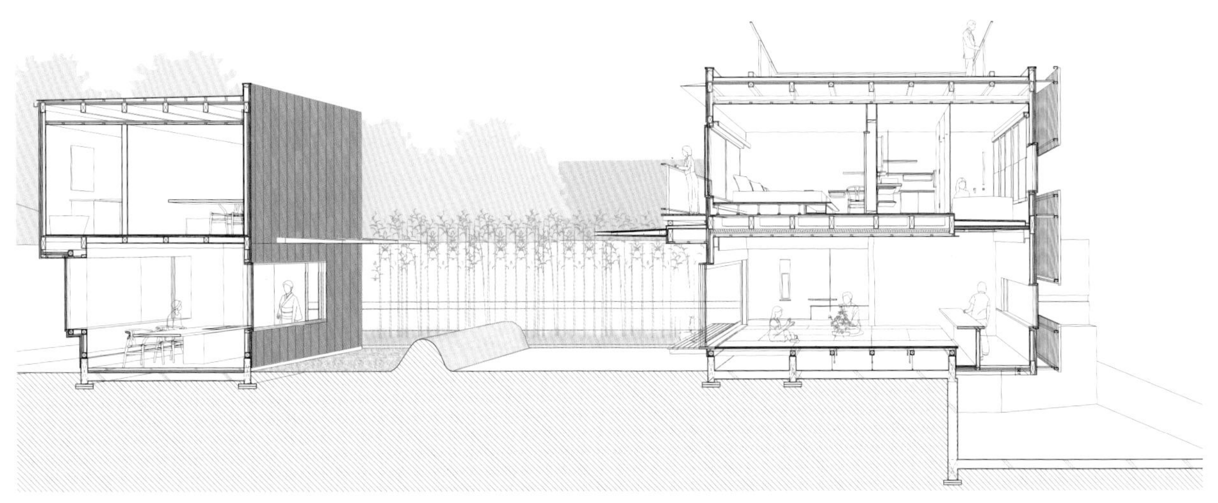

剖面图

地点 /
日本，兵库县

面积 /
159 平方米

完成时间 /
2018

设计 /
畑友洋建筑设计事务所

摄影 /
矢野智之（Toshiyuki Yano）

环状围合住宅

使花园位于中心

这是一栋小型的私人住宅，位于人口密集的城市街区。场地四周都是建筑物，如同山谷一般。业主希望建造一栋在室内外都能感受到静谧感和充实感的住宅。

当设计师在思考日本文化底蕴中丰富而成熟的室内外关系时，脑海中出现的第一个例子就是桂离宫（Katsura Imperial Villa）。因而这栋小型住宅的设计就始于设计师对桂离宫的深入探索。

当设计师将桂离宫的设计中的室内外关系作为依据进行研究时，他再一次发现了多个可以营造舒适感的设计要素。桂离宫同样位于小而密集的城市“山谷”中，却坐拥一个大花园。于是，他思考着如何将桂离宫的设计方法应用到这个项目中。他认为，如果以桂离宫的平面为基础，再将其旋转，使其围成圆圈，或许就可以将室内外的空间折叠起来，使空间更加紧凑。

这种设计带来了一种新的形式：一个浅浅的连廊式阳台，联系并支撑着丰富的室内外空间，在三个维度的圆圈上延展，形成环状。

一层平面图

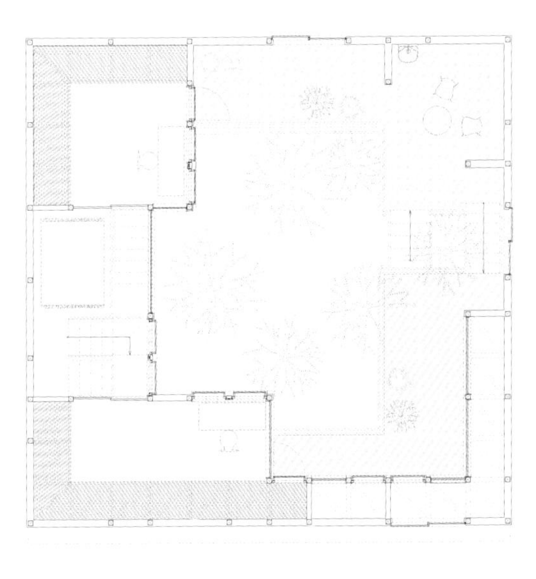

二层平面图

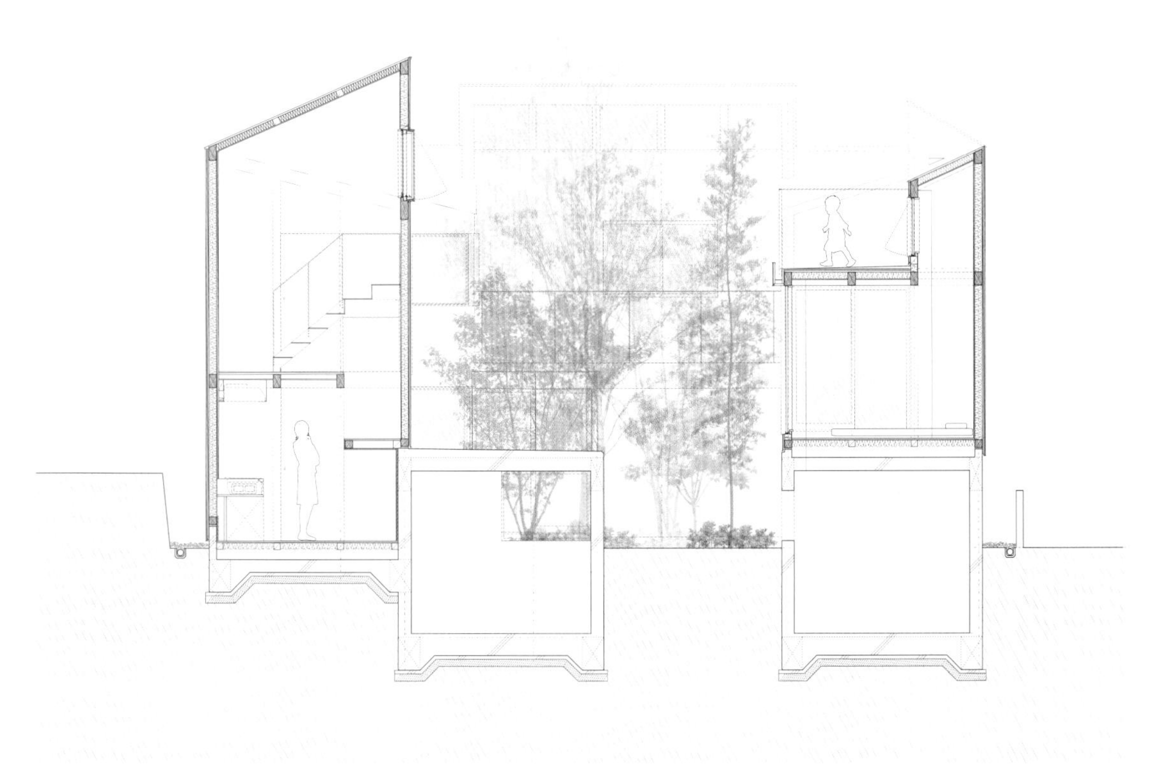

剖面图

地点 /
日本，冲绳县

面积 /
135 平方米

完成时间 /
2019

设计 /
Monaka 工作室

摄影 /
安广一兴（Kazuoki Yasugi）

OM 住宅

拥有一个被混凝土围墙包围的庭院

这栋住宅所在的地块与临街地面有 7 米的高差，由于靠近住宅的地面地势较高，因而需要仔细考虑一下从略高的地方看这栋住宅会是什么样子。不仅如此，终端污水排水管位于离地 1.5 米的地方，因而浴室和卫生间的地面要高于其他房间。另外，业主希望这栋住宅可以呈现一种度假酒店的感觉。因此，设计师在尊重冲绳岛气候和文化的同时，还要满足以上要求。

他们的解决方案是建造两个结构，一个为需要管道的房间而建，另一个为生活空间而建，然后在两者之间创建一个庭院，并配以车库。设计师为有管道的结构设计了一个一面凸起的 V 形屋顶，而容纳生活空间的结构则是一个 U 形的倾斜屋顶。通过协调屋顶的外观和功能，设计师设法遮挡住了从街道望向室内的视线。他们还将各个区域的地面设置成不同的高度，以解决排水问题。

人们须沿着街道顺坡向下走，绕着住宅半圈后方可进入。进入后，人们会看到一个被混凝土围墙包围的庭院，这个庭院以适当的距离将各个生活区联系了起来。

由于没有类似日本传统玄关的前门入口，人们只能在进入房间前脱掉鞋子。事实上，在冲绳岛的传统建筑中，根本就不存在玄关入口的概念，建筑外面的开放式门廊才是通往室内的入口。在这栋住宅中，设计师将开放式门廊改造成了向内的U形空间——保留了入口的功能，同时保证了住宅的私密性。设计师将有管道的结构设置在了生活区旁边，它们之间有一个狭长的庭院。

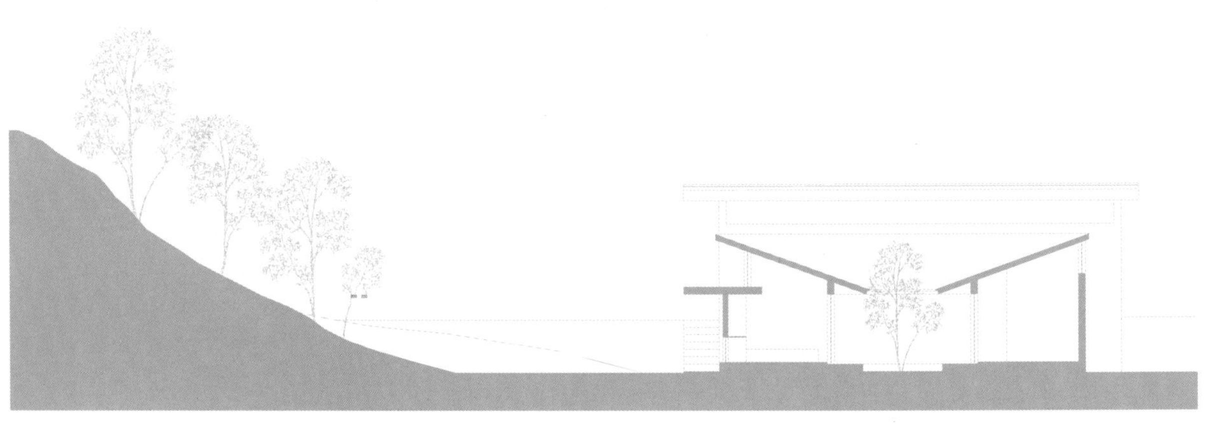

剖面图

地点 /
日本，松本市

面积 /
470 平方米

完成时间 /
2017

设计 /
CUBO 建筑设计事务所

摄影 /
谷村浩一（Koichi Torimura）

M4 住宅

通过一系列窗户欣赏景观

这栋俯瞰着松本市及松本市著名城堡和美丽山脊线的住宅是建筑师为他的母亲设计的，设计灵感来源于他对松本市的儿时记忆。置身于这栋住宅，人们可以随时欣赏不断变化的景色，例如，广阔的天空、移动的云层、绵延的山脉和四季的更迭等。这些美景在住宅内一览无余。

住宅的窗户看似是随意设置的，实则经过了精心的设计，住户无论坐着还是站着，都能够通过一系列大小、深度、高度、饰面和形状各不相同的窗户欣赏到不同的景观。藤壶形状的凸窗有助于突出一种框架效果，为住宅打造一个醒目外观的同时，也加强了室内的光影效果。

住宅的外观呼应了其所在的 V 形场地，因此，住户无论处于住宅的哪个角落，都能欣赏到松本市的景色及其周边的广阔平原。出于对隐私方面的考虑，建筑师在住宅临街的一侧并没有设置窗户，而是将窗户集中在与临街面相对的一侧。因此，住宅室内的所有自然光线都来自同一个方向，从而增强了光的对比度，与住宅的窗户一同创造出一个有着强烈光影效果的空间结构。

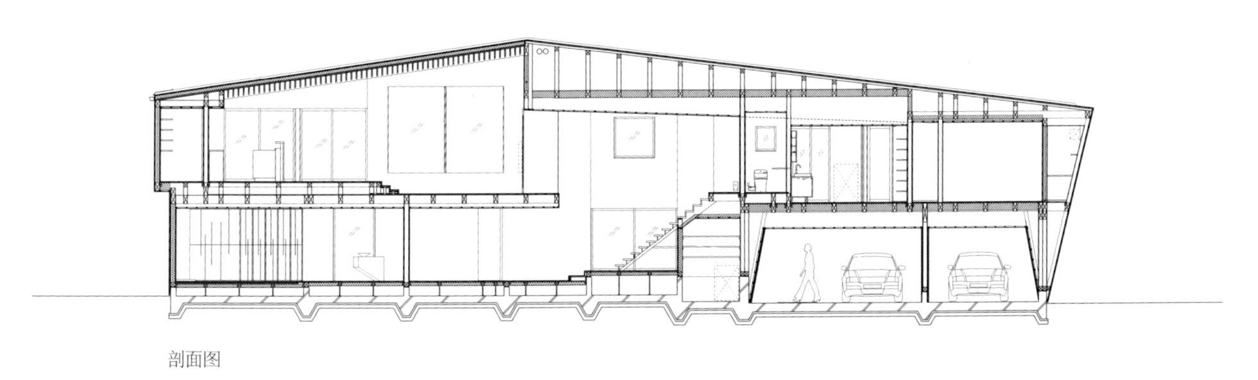

剖面图

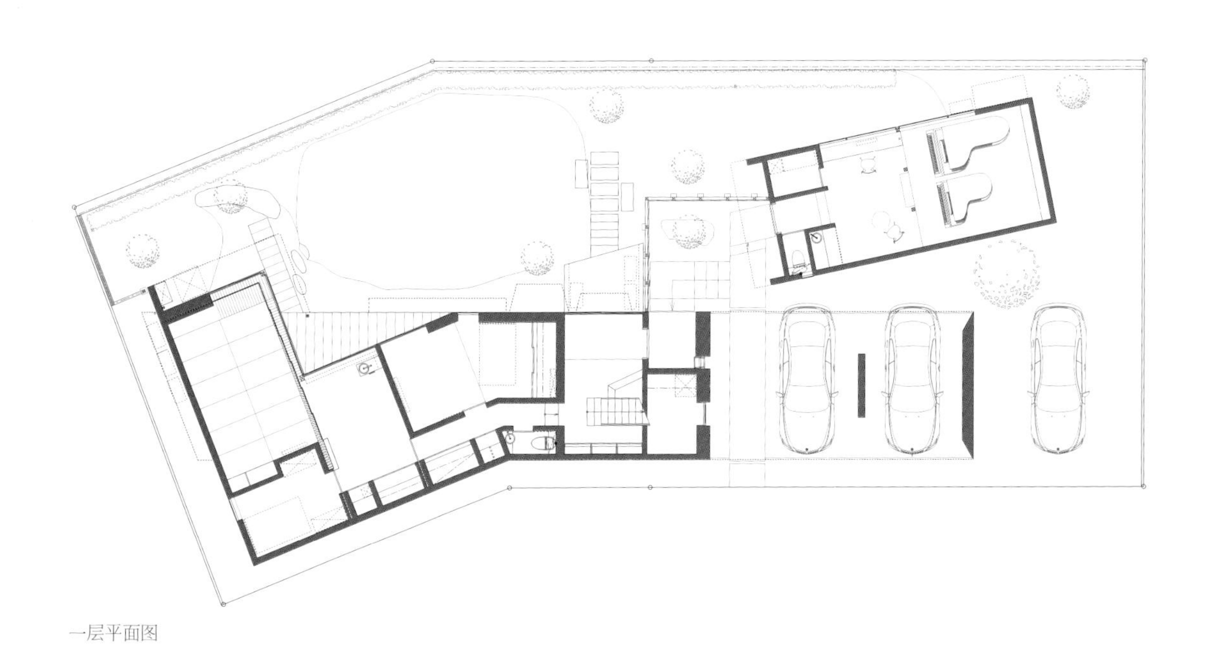

一层平面图

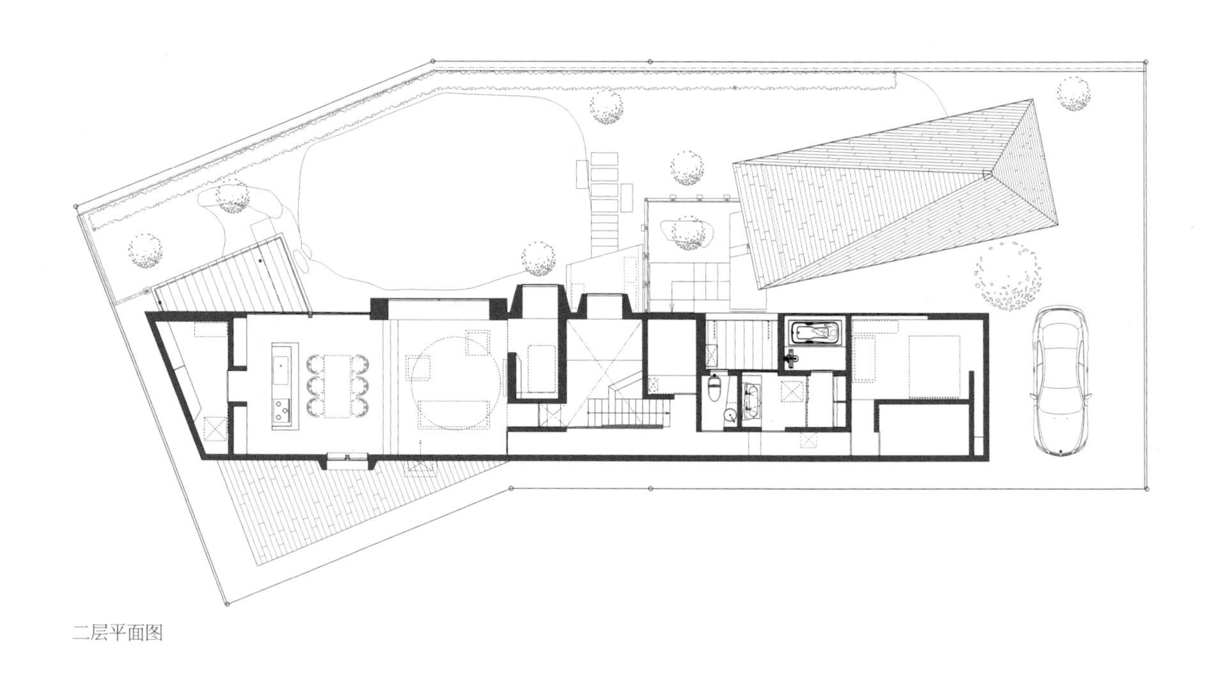

二层平面图

地点 /
日本，大阪市

面积 /
114 平方米

完成时间 /
2017

设计 /
SAI 建筑设计事务所

摄影 /
山内纪人（Norihito Yamauchi）

Melt 住宅

与绿色共同成长

这片住宅区位于山脚下。住户是一对 30 多岁的夫妇和两个孩子，他们想要一个可以感受到绿色的住所。这并不是指要从任何位置都能看到绿色，而是指要充分利用外部空间，并与绿色相伴，例如，在树下打盹儿，触摸树叶，感受微风和草木的气息。

因此，设计师决定在南北两侧的空隙中建造庭院。如果在这个狭长的场地内规划庭院，就会出现一个狭窄的空间，因此，设计师为庭院打造了一个屋顶，并将这里用作房间。庭院位于住宅的中央，是一个多功能空间，住户可以将这里打造成枯山水庭院。庭院可以与不同功能的空间相融，可以应对不同的天气和气候变化，也可以满足不同的用途、户外活动和生活方式所产生的不同需求。此外，大开窗和高侧窗可以将大量的自然光线和风引入狭长的住宅。

设计师希望，即便场地有限，也能借助枯山水庭院丰富住户的生活，并营造一个可以以密集、多样的方式实现场景变换的空间。

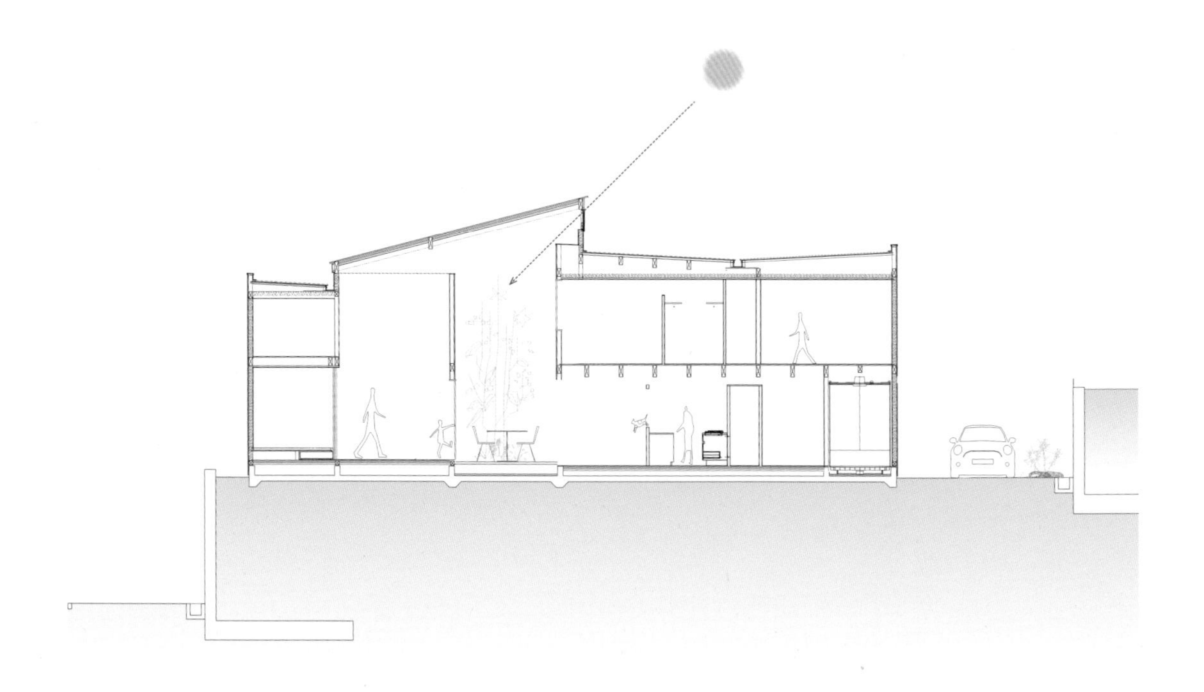

剖面图

地点 /
日本，滨松市

面积 /
126 平方米

完成时间 /
2016

设计 /
Arii Irie 建筑事务所

摄影 /
安野大次（Daici Ano）

拥有花园和屋顶的住宅

寻找室内与室外的新关系

该项目位于日本中南部的海岸城市——滨松市，当地气候温暖、舒适。这栋住宅是从 1983 年建成的老住宅扩建出的独立结构，建筑师打算将新旧两栋住宅打造成一个整体，而不是强调新老住宅之间的对比。线性体量在东西方向延伸，在场地内形成花园和露台等活动空间。两栋住宅的屋顶相互呼应，在新老住宅之间创造出一种延续感。

这栋新住宅包含了日本住宅中常见的木结构元素，它们被别出心裁地运用在了储物空间、梁柱以及屋顶中。储物空间之间设有滑动门窗，可以完全打开以连通室内空间和老住宅。屋顶被从梁柱上抬起了一段距离，使室内空间有点像有顶的室外空间，人们待在室内也会有亲近大自然的感觉。项目体现了建筑师寻找室内与室外、新与旧之间的新关系的尝试。

种植了树木的庭院非常漂亮。在这里，人们会觉得非常舒适。尤其是天气好的时候，人们可以在这里休息。

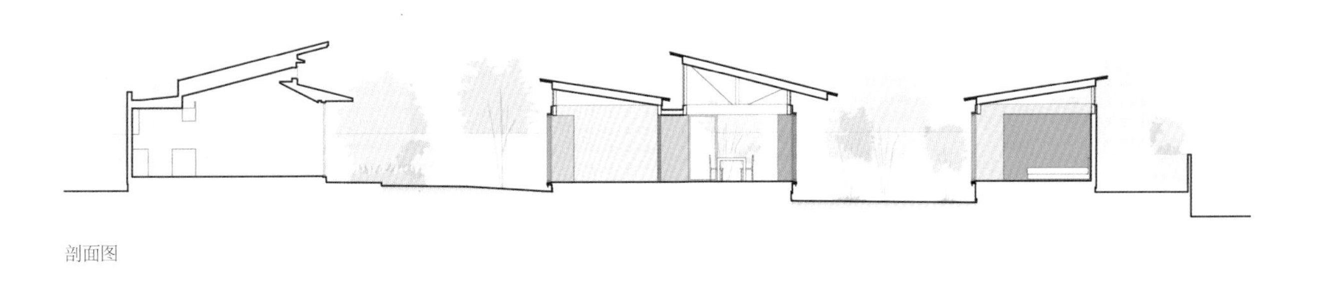

剖面图

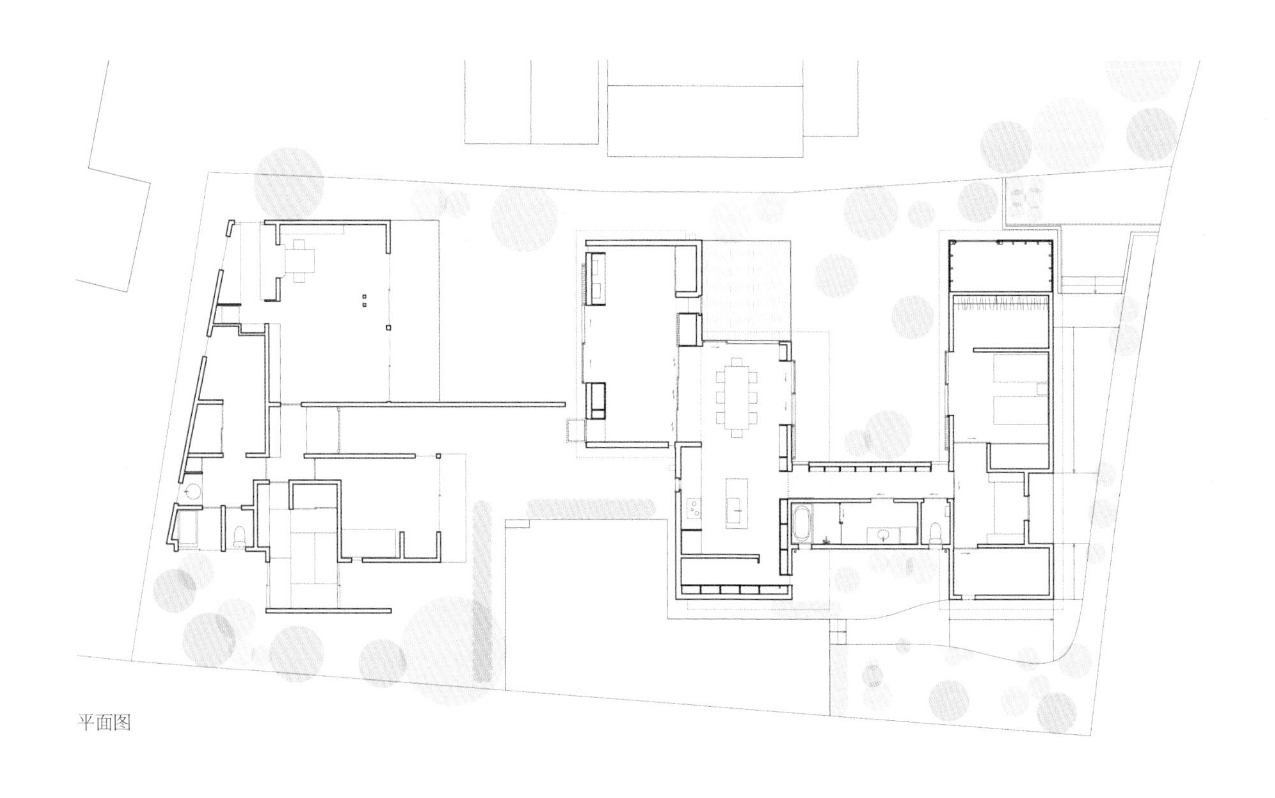
平面图

地点 /
日本，京都市

面积 /
229 平方米

完成时间 /
2016

设计 /
Alphaville 建筑事务所

摄影 /
近藤康武（Yasutake Kondo）

山墙屋顶住宅

采用借景手法打造花园

根据京都城市景观规范，设计团队需要在现代住宅的框架内，用全新的方式来诠释传统的三角形屋顶。在洛吉耶的“原始小屋”中，山墙屋顶具有一种独特的吸引力。然而，设计团队在设计过程中发现这种形式存在问题，即住宅内的阳光分布不均。另外，他们还发现设计对山墙屋顶外向推力的处理存在问题。

于是，设计团队选用了长跨度的山墙屋顶，并将它划分成四个部分。他们改变了四栋方形房屋的位置，并从距街道最近的那栋开始，改变它们的高度。在这样的布局中，设计团队在建筑之间创造了一个庇荫的空间，同时使住宅的轴线多样化。住宅的中央是一个与立面成 30° 的单层厨房，住户可以从这个区域看到两个相邻屋顶下，一楼和二楼的每个房间。不同的屋顶高度和斜度给住宅带来了一种开放感。

住宅虽有赖于木墙结构，但是设计团队以单层结构的顶梁作为支撑，在面向花园的墙壁上设置了巨大的透明开窗。通过在开窗处设置不同的建筑构件，并使屋顶的托梁与坡度成直角，设计团队改变了山墙屋顶的造型，使其成为不产生推力的结构。山墙屋顶的移位和层次创造出了洒满自然光线的活动区域和书籍摆放空间。设计团队希望通过这个项目建立起各个房间、房间与庭院，以及这些空间与周围环境之间的内在关联。

设计团队还将一些小花园设置在场地周围，并采用了日本寺宇庭院常用的借景手法。这种手法将靠近花园的窗户、街区景观，乃至远山与天空联系起来。他们认为这种半开放式的空间比封闭的庭院花园更有创造性。

轴测图

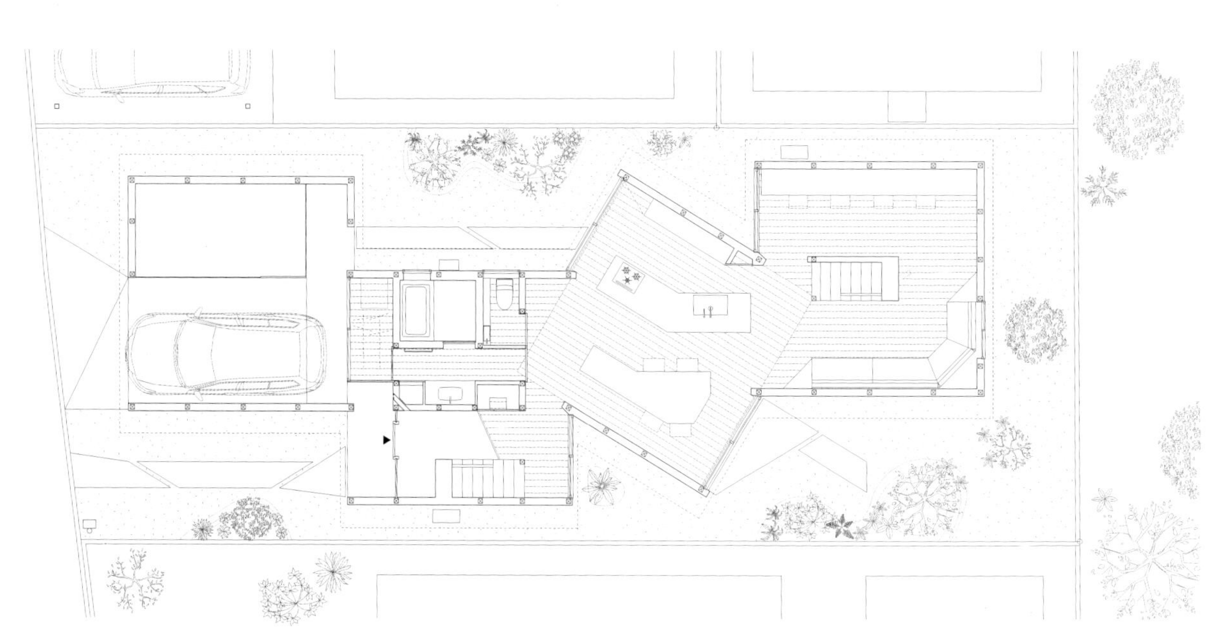

一层平面图

地点 /
日本，大阪市

面积 /
72 平方米

完成时间 /
2019

设计 /
Arbol 设计公司

摄影 /
下村安仪（Yasunori Shimomura）

河内长野住宅

在半室外平台上感受自然

该项目的设计师不仅要考虑场地与河流的位置，还要通过设计让家具看起来更漂亮。此外，考虑到临街的私密性要求，建筑师对整个建筑立面的设计采用了封闭式造型，但内部房间的设计可使业主观赏到流动的河水。业主希望很多人观赏他们的家具，于是，建筑师在设计时将空间沿着河流在水平方向延伸，这样它便可成为画廊。从入口处进入，可以看到客厅和餐厅，客厅的设计非常简单，因此其中的家具便扮演着非常重要的角色。接下来是木质平台和庭院，继续深入是厨房、储物间和卧室。

倾斜的天花板向着河流的方向越来越高，在河流、天空和庭院之间营造了一种开放的氛围。靠近河流的半室外平台设置在略高的地方（距地面约 1 米），客厅的氛围沉稳、大气，很像半地下式空间。虽然业主无法从这里直接看到河流的景象，却可以感受到来自河边的风，或是听到河水的声音，从而感受到河流的存在。从这里，业主可以看到庭院的绿色植物，也可以将目光穿过山峰，望向天空。这里将成为业主和亲朋好友聚会的空间。

在结构上，由于木质平台上方的屋顶主要由梁架构成，因此即便住宅为木质房屋，它也是一个没有柱子的大型开阔平面，这种结构使客厅的景色更清晰、更鲜明。

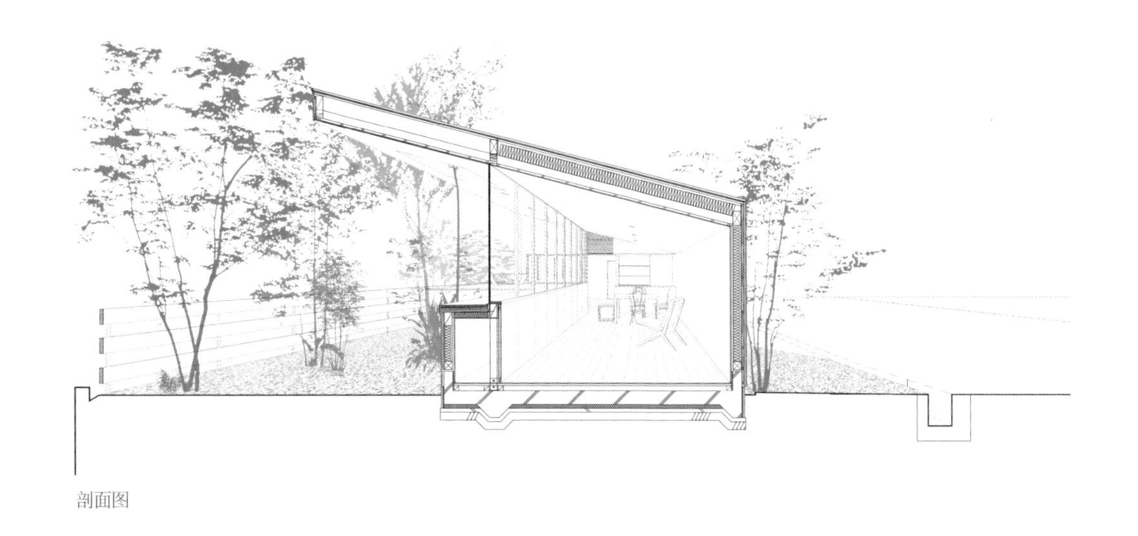
剖面图

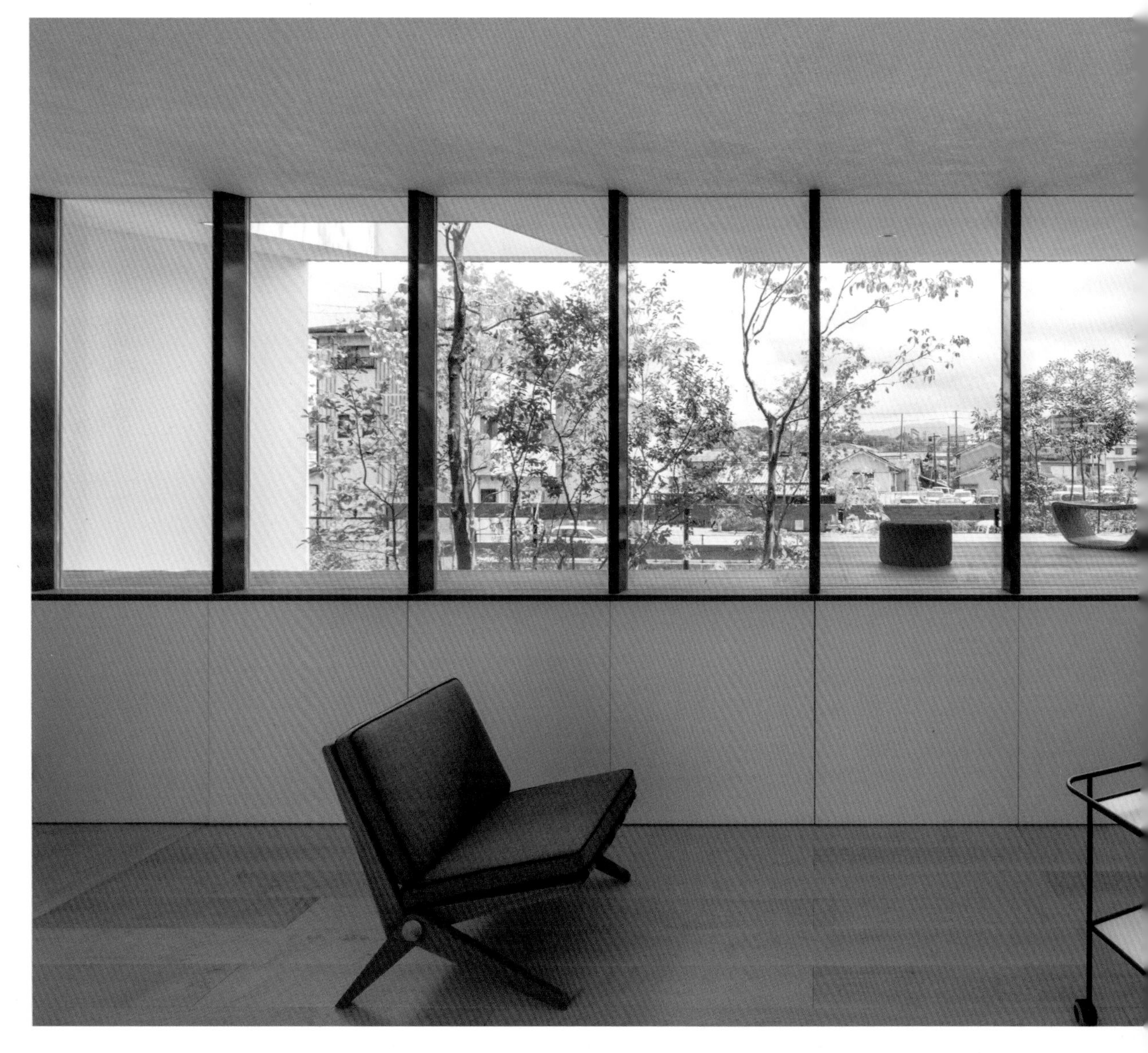

地点 /
日本，东京市

面积 /
120 平方米

完成时间 /
2016

设计 /
frontofficetokyo 设计公司

摄影 /
太田拓实（Takumi Ota）

尾山台住宅

混凝土地面向外延伸成庭院

该项目场地呈长方形，各个边界紧靠住宅，因此最常见的设计应是远离城市的喧嚣，利用围墙更好地保证住宅的私密性。然而，买下这块场地的住户却希望在保证私密性的情况下，尽可能地增加住宅的开放性。因此，设计师将露台和通往屋顶的楼梯平台空间设置得都足够大。一楼的规划也具有类似的开放性，混凝土地面向外延伸，变成了一处庭院景观，给住户提供了户外活动空间。

由于预算有限，设计团队用木材和一些简单的材料进行建造。在地震多发的地区打造一栋木结构建筑，必须要采用抗震墙或支架来应对地震。为了满足这一要求，设计团队在住宅的两个尽头设置了巨大的X形墙体，它们就像扶墙，在建筑平面之外支撑结构，同时也不会影响住宅的开放性。

设计师在一楼和二楼设置了单人房间，浴室和卫生间在开放的平面上起到分隔的作用。设计师对二楼的高度也进行了设置，这样一家人就可以从他们的客厅看到外面的河谷。设计团队利用一楼 3 米高的天花板打造了一个悬于天花板上的大型储物空间，为日常生活腾出了更多的空间。储物区明确了主卧的范围，设计师还在此区域安装了一组大门，业主可以根据需要关上或打开浴室和卧室的门。

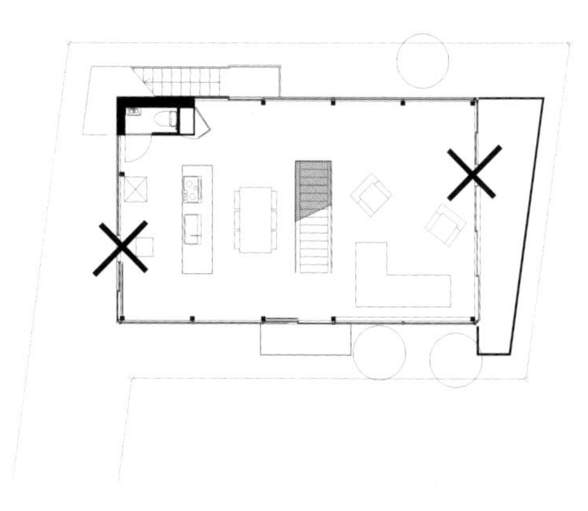

二层平面图

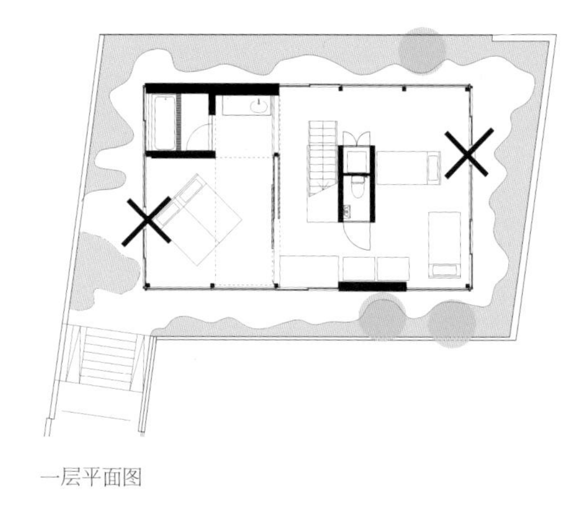

一层平面图

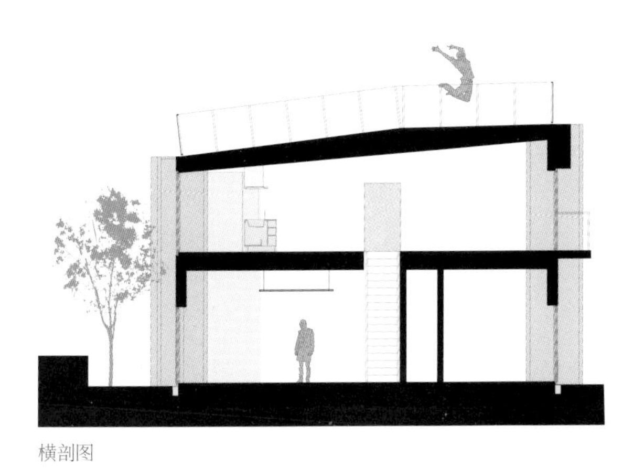

横剖图

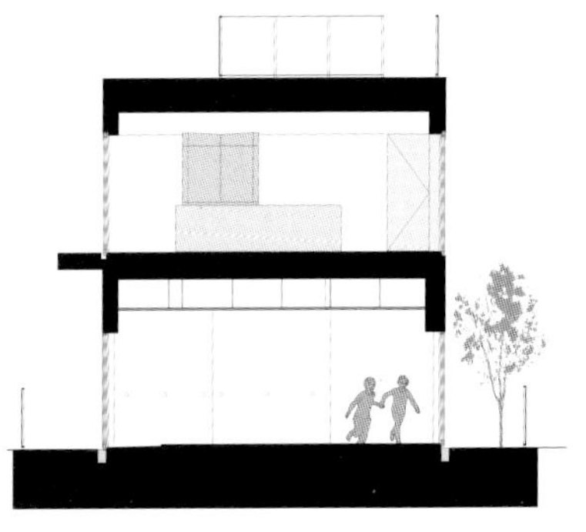

纵剖图

地点 /
日本，东京市

面积 /
89 平方米

完成时间 /
2015

设计 /
Ukei Shimada 建筑公司

摄影 /
新建筑社（Shinkenchiku-sha）

枫叶住宅

将枫树安置在场地中央

该项目场地位于东京市较为典型的密集型住宅区内。业主是一位90 岁的老母亲以及她退休的女儿。为了满足她们对住宅功能最小化的诉求，建筑师提出打造一个空间紧凑且能丰富她们生活的住宅。

他们的目标是在人口稠密的城市为老年人设计一种新型住宅。为了给老年人的生活提供便利，设计团队对空间进行了整体设计，而不仅仅是依靠设备来获得无障碍环境。

首先，在有限的场地内实现空间的扩展，与拥挤不堪的街区形成鲜明对比，然后打造不断变化的场景，使老母亲有限的活动范围变得热闹起来。

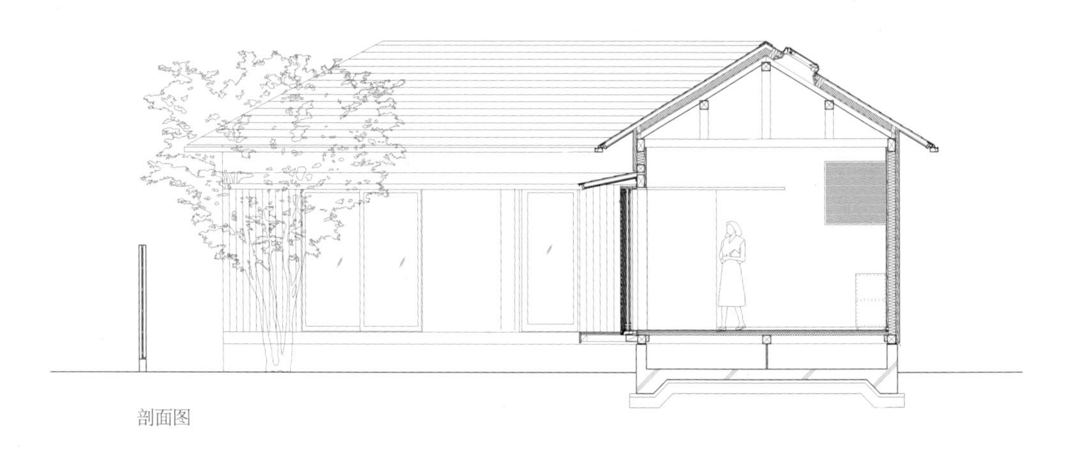

剖面图

建筑师还注意到了对业主来说非常珍贵的枫树，枫叶可以展现四季的变化，于是建筑师将其作为展现光、风、雨等自然元素的对象，并安置在场地的中央。建筑师在前方、中央和后方建造了三座花园，建筑位于三座花园之间，房间也是根据花园的位置和母女的活动范围精心安排的。

滑动门充当了空间内的隔墙。滑动门适合老年人使用，关闭和打开滑动门还可以改变房间的次序。空间的扩展为室内带来了自然光线和四季美景。

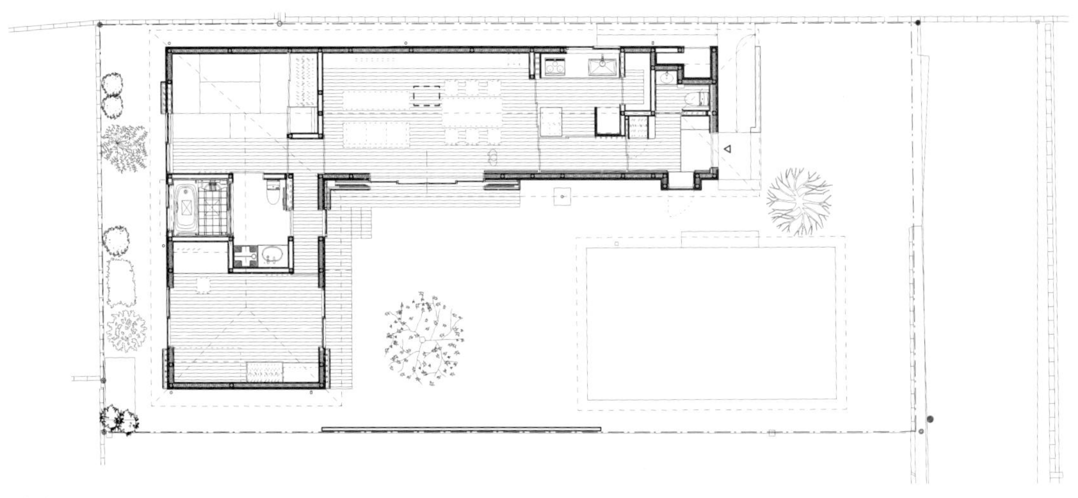

平面图

地点 /
日本，琦玉县

面积 /
688 平方米

完成时间 /
2018

设计 /
工藤浩平建筑设计事务所

摄影 /
中村介（Kai Nakamura）

东松山市住宅

屋顶与花园的巧妙设计

业主的家族在这片被大自然环绕的美丽土地上世世代代居住了 300 多年。业主夫妇居住的主屋是他们的爷爷建造的，而场地内的附属建筑是他们自己建造的。他们经常要在这两栋独立的建筑之间穿梭往返。他们想要一种全新的生活方式，并希望他们的住宅能够有地方邀请他们的女儿一家及孙辈来做客。因此，设计团队打算对住宅进行扩建和修复，同时保留业主钟爱的附属建筑，以将这一丰厚的遗产传承给下一代。

为了让原有建筑、花园、街区的自然美景和扩建结构能够融为一体，而不是彼此脱节，设计团队根据每栋建筑的情况，利用原有部分所用的材料对原有建筑进行修缮和扩建。方案包括三个各具特色的花园和两个大屋顶，其中一个屋顶下方是客厅和厨房，也用作餐厅，另一个屋顶下方设有多功能开放式露天空间。这两个屋顶都是由木质夹层板打造的，这样建筑师便能够在预算有限的情况下尽可能地扩大屋顶的覆盖面积。住宅屋顶的造型是根据周围的自然环境、光线和风力情况设计的，从立面上看，屋顶是折线形的。值得一提的是，折线的角度和高度都是根据住宅的功能空间和活动需求精心设计的。例如，将开放式露天空间周围的屋檐高度降至 1.9 米，便可将居住空间与花园联系起来，也挡住了街坊邻里的视线。

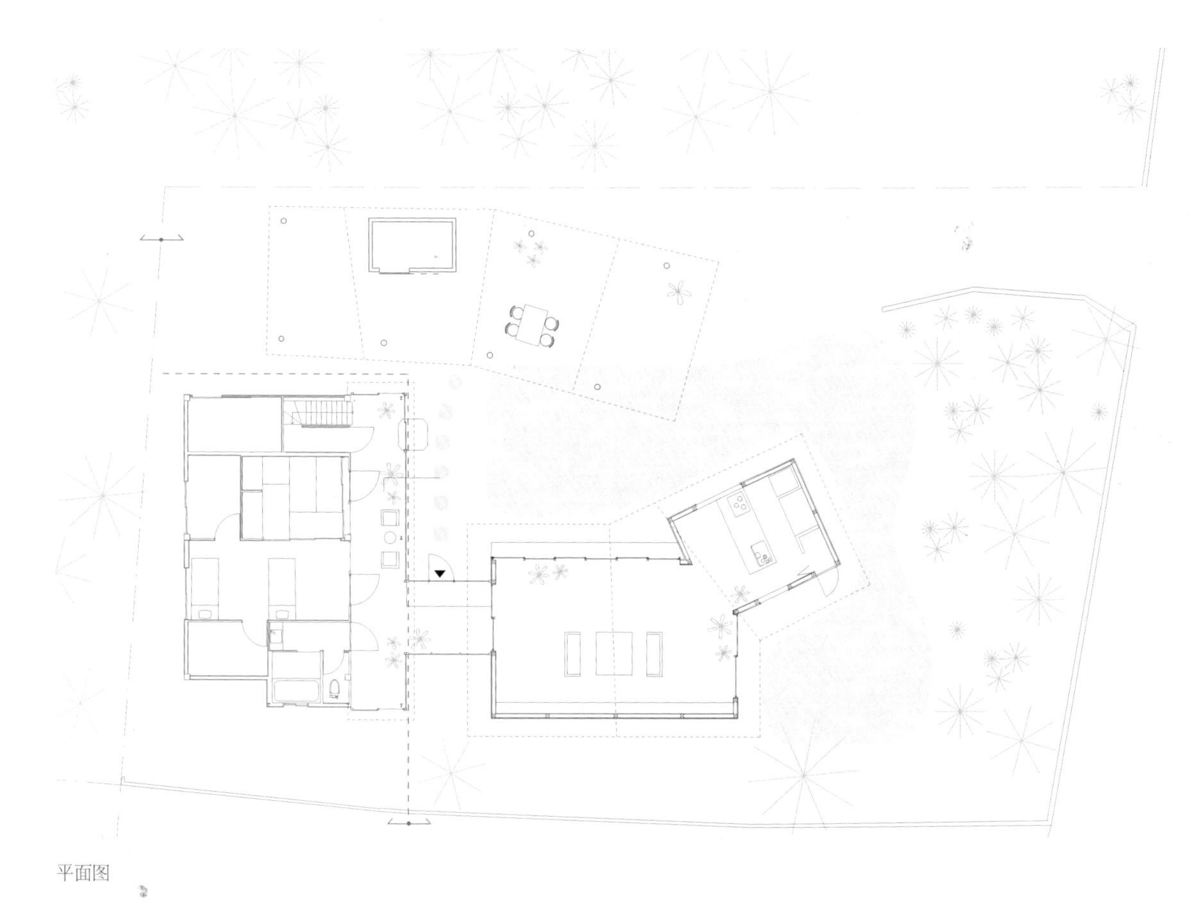

平面图

同时，在住宅的中心位置，将屋檐高度升至 4.6 米，自然光线便可以进入室内，这样的设计也为业主提供了一处聚会空间。设计团队还在原有附属建筑的前方设计了一个全新的铝制阳光房，从而将生活空间延伸到户外。

原有结构和扩建结构，连同与住宅联系紧密的自然环境，形成了现在这个舒适宜居的空间。尽管各个建筑有着不同的结构，但它们共同组成了这个完整的住所。

地点 /
日本，镰仓市

面积 /
507 平方米

完成时间 /
2019

设计 /
CUBO 建筑设计事务所

摄影 /
谷村浩一（Koichi Torimura）

T^3 住宅

打造岩石庭院

这栋住宅是为一位法国籍艺术家及其日本籍妻子打造的，他们曾辗转于日本、法国和美国，对日式庭院、日本的文化和建筑美学有着浓厚的兴趣。

这栋住宅静静地坐落在日本历史古城镰仓市的山顶上，在这里，一览美丽景致的同时，还能远眺湘南海岸和日本的象征——富士山。通过了解日本茶道和日式庭院，业主渐渐地对日本文化产生了兴趣，最后，他们决定搬到日本。这里是他们定居和养老的地方，因此，除了舒适的居住环境，他们还需要一个招待客人的空间，并希望这个小旅馆般的建筑可以为他们带来一场视觉盛宴。

针对业主的要求，设计团队明确了下面几个建筑设计主题：对象征性美景进行处理，使建筑响应场地环境；采用融合传统方法和材料的日本现代风格；使客人可以通过建筑感受日本美学。

设计团队在面向街道的一侧筑起了混凝土墙，采用了全封闭设计，在保证住宅私密性的同时，尽可能地面向景观敞开。建筑的布局和书房的开合式设计排除了视野中的干扰元素，这样人们便可以只关注壮丽的自然美景。

该住宅有一个岩石庭院。设计团队通过模糊庭院和山区周围自然环境之间的边界，创建了与外部

环境的连接。位于场地中央的那棵伞形的树是日本红松树。连绵的屋檐是日式建筑的一大特色。除了在设计上具有特色，屋檐还有遮挡雨水和减少阳光直射的功能。设计团队用现代的方法设计出传统的连绵屋檐，使其变得又尖又薄，在其结构和饰面处理上则采用了钢板等新材料，极具挑战性。

设计团队还认为，日式建筑的设计是精致而有力的，并能充分利用材料本身的潜力。设计团队尽可能地避免使用工业饰面，而是使用传统的日式材料，如花岗岩、和纸、黑石膏、木质窗格和百叶窗来进行整体协调，这样所有外国客人都能感受到这栋房屋的日本特色。

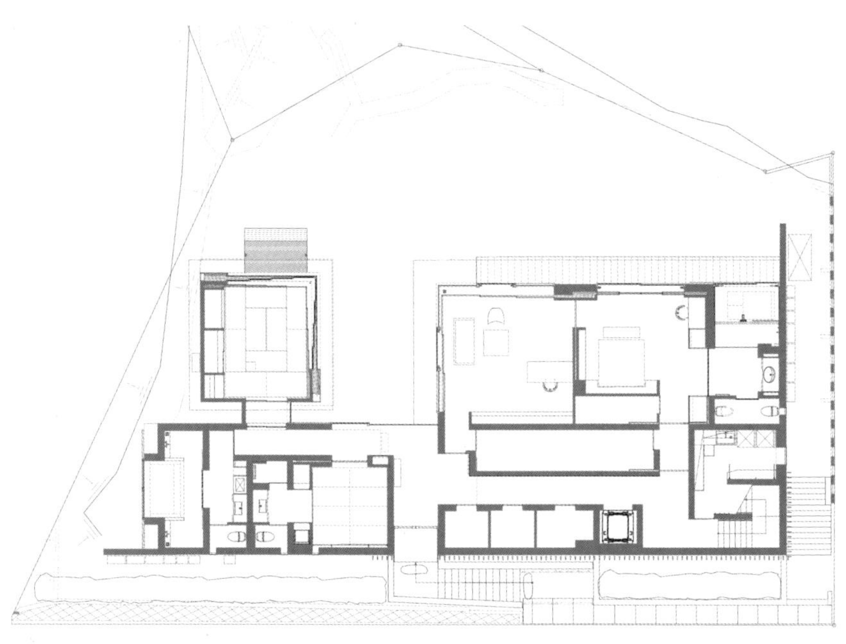

平面图

地点 /
日本，神户市

面积 /
211 平方米

完成时间 /
2014

设计 /
Sqool 建筑事务所

摄影 /
森本由隆（Yutaka Morimoto）

神户市住宅

在庭院里打造烧烤空间

该项目场地位于日本神户市。业主的主要诉求是希望可以在花园内烧烤。建筑师在检查了周围房屋的位置和窗户后，确定了这栋房屋的庭院位置。一楼设有客厅、餐厅、厨房、庭院、客房、榻榻米房和休息室。二楼设有卧室、洗手间、浴室、休息室、阳台、衣帽间和书房。由于浴室和洗手间设在二楼，建筑师便可以在一楼打造宽敞的客厅、餐厅和厨房。住宅内部采用了实木地板、格栅式门窗和榻榻米等日式风格的设计。而且非常重要的一点是，这栋住宅的一楼没有窗帘，你可以感受到一楼宽敞的空间与室外的庭院融为一体。

在对庭院进行设计时，建筑师用到了木质平台、日本枫木和石头，营造出日式传统风格。业主可以不受外界影响，在自己家里的庭院享受户外烧烤。建筑师还在庭院内设计了烧烤用具和长凳。烧烤空间设有棚顶，因此，即便遇到突然下雨的情况也没有问题。客厅、餐厅、厨房和烧烤空间相邻，形成了一个内外合一的日式空间。即便是在住宅项目完工后，建筑师还会经常来到这里跟业主一起吃烧烤。

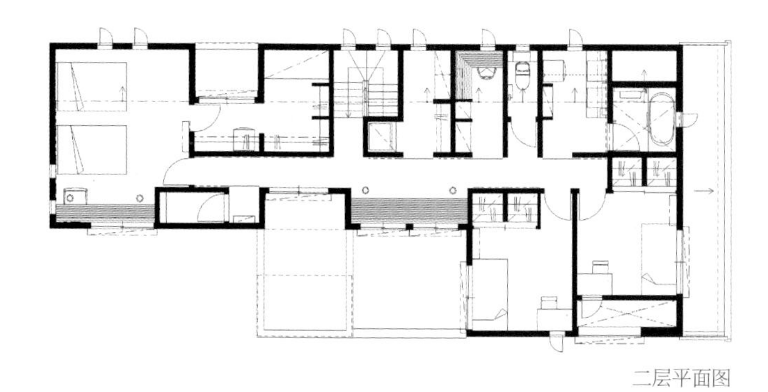

二层平面图

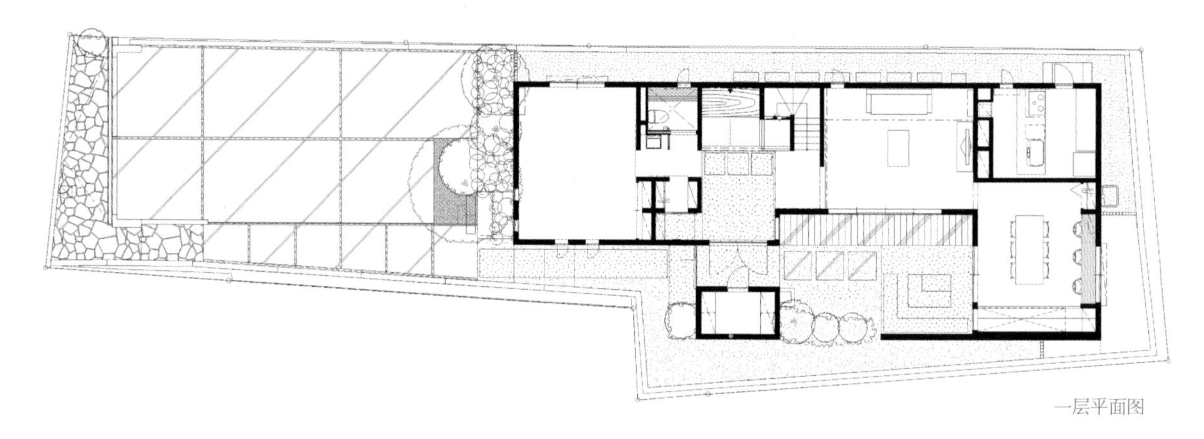

一层平面图

地点 /
日本，流山市

面积 /
187 平方米

完成时间 /
2017

设计 /
Yasumitsu Takano 建筑事务所

摄影 /
八田拓（Taku Hata）

南流山住宅

利用石头建造庭院

这栋住宅建在远离马路的地块上，停车场所在的路边空地上放置了天然的石头并栽种了植物之后，变成了一个口袋公园般的庭院。

在日本，直至 20 世纪六七十年代，房屋建造还经常使用天然的石头，大大小小的园林石也经常出现在庭院内。然而，近些年来，石头已经被混凝土和现成的瓷砖取代，更为可惜的是，石头常被视为棘手的工业废料。在翻新这栋住宅之前，设计师尽可能地回收房屋和庭院中使用的石头，并将它们暂时放置在别处，以便将来用来建造庭院，这样既可以解决材料供应不足的问题，还可以减少花销。

如今的孩子们很少会在用天然石头铺就的山路或是未铺砌的河床上行走，因此，每天在这个天然的庭院中散步和玩耍会给他们带来一种宝贵的体验。

设计师将建筑和庭院划分成不规则四边形，从而将阳光和风引入项目场地，同时，建筑的纵深也在各个视角上得到了强化。

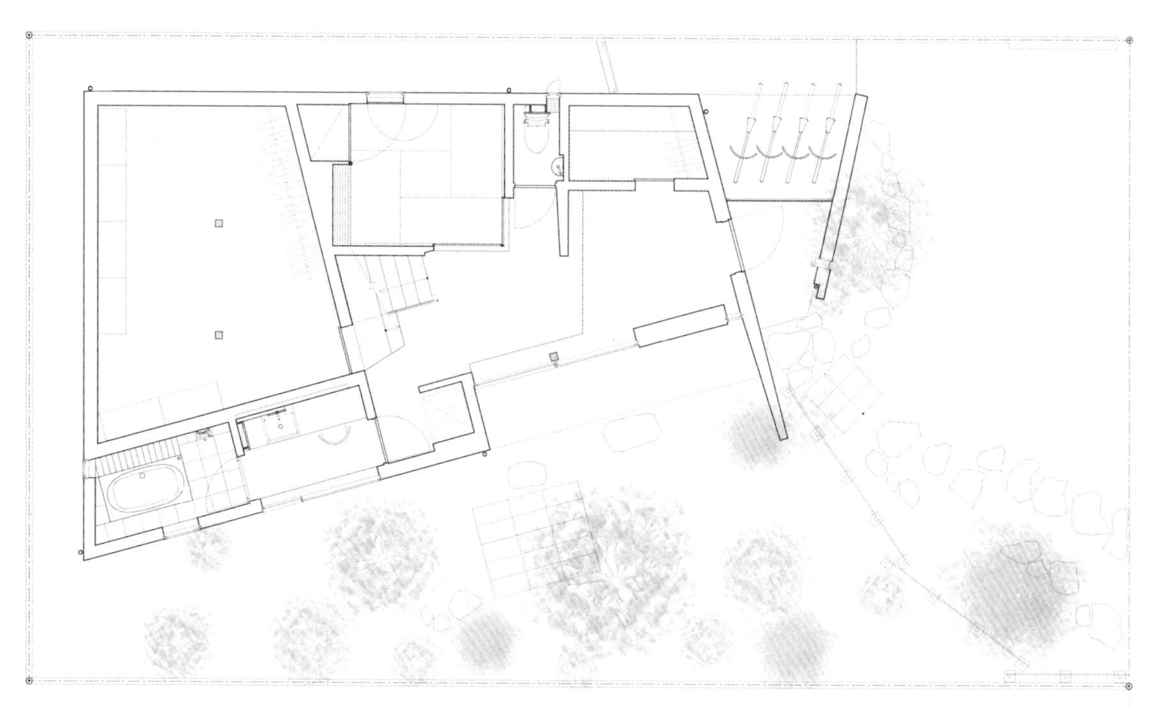

一层平面图

地点 /
日本，广岛市

面积 /
76 平方米

完成时间 /
2015

设计 /
Fujiwaramuro 建筑事务所

摄影 /
矢野智之（Toshiyuki Yano）

向洋之家

打造圆形绿化走道

这栋住宅位于日本广岛市的一片住宅区内。业主想要一栋适合老夫妇居住的带有庭院的房子，还想要一个大的空间，以后可以用来经营杂货店，开设画廊或是工作坊。

因此，设计师提议打造一个外面有绿化走道的住宅。他们在住宅外面打造了一个与住宅相连的圆形水泥平台，并在水泥平台及其周围种植了花卉和树木。

住宅位于场地的对角线上，设计师在设计中将道路一侧的山景、南向的日光和相邻地块的视觉错位等情况考虑在内，并充分利用了现有的合欢树。

完工后，这栋住宅成了业主与其住在附近的父母和孩子的团聚之所。住宅环境会随着植物的生长而不断变化。

保证住户的安全和隐私也很重要。在这个项目中，住宅与前面的道路及周围的房屋成一定的角度，以避免开窗面向道路或周围房屋。此外，经过重新布局后，合欢树可以有效地遮挡人们望向客厅的视线，保证了空间的私密性。另外，设计师在西面和南面的大扇开窗外面还安装了木质百叶窗，同样保证了住宅的私密性和安全性。

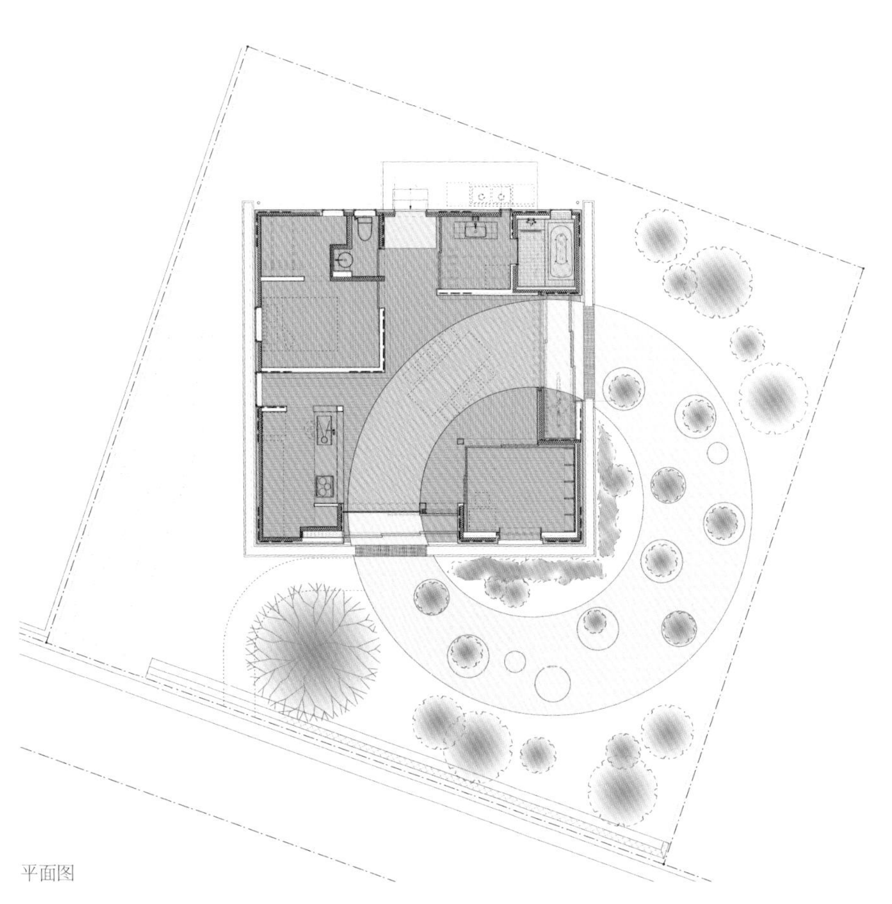

平面图

地点 /
日本，奈良市

面积 /
109 平方米

完成时间 /
2011

设计 /
Fujiwaramuro 建筑事务所

摄影 /
矢野智之（Toshiyuki Yano）

关屋之家

减少向外门窗数量，设置中央庭院

这栋带有庭院的单层住宅位于一个面积较大的住宅区。这栋住宅与场地相连的道路较窄，道路对面还有其他住宅，因此，这里并不是一个可以欣赏到独特风景的地方。

为了满足业主对住宅私密性的要求，设计师尽可能地减少向外门窗的数量，同时将房间设置在中央庭院周围，这样业主便可从住宅的各个地方看到庭院景观。

白色的墙壁和屋顶之间留有缝隙，支撑屋顶的结构墙稀疏分布，其饰面为木质的。它们之间的缝隙在允许光线射入的同时，还能遮挡外部视线。

客厅、厨房、日式房间、儿童房和浴室均朝向庭院而设，因此，设计格外注重各个房间之间的视线关系。例如，降低儿童房的地面高度，为日式房间设置矮小的窗户，将浴盆嵌入地面，这些方式均有助于防止视线正面相对，同时业主从每个房间也都能欣赏到花园的独特景观。

设计师在住宅周围种植了日本白蜡木、杜鹃花等植物，还安装了一条长凳以创建与街景的联系。住户可以在这里感受到随四季变化而改变的光线和植物。

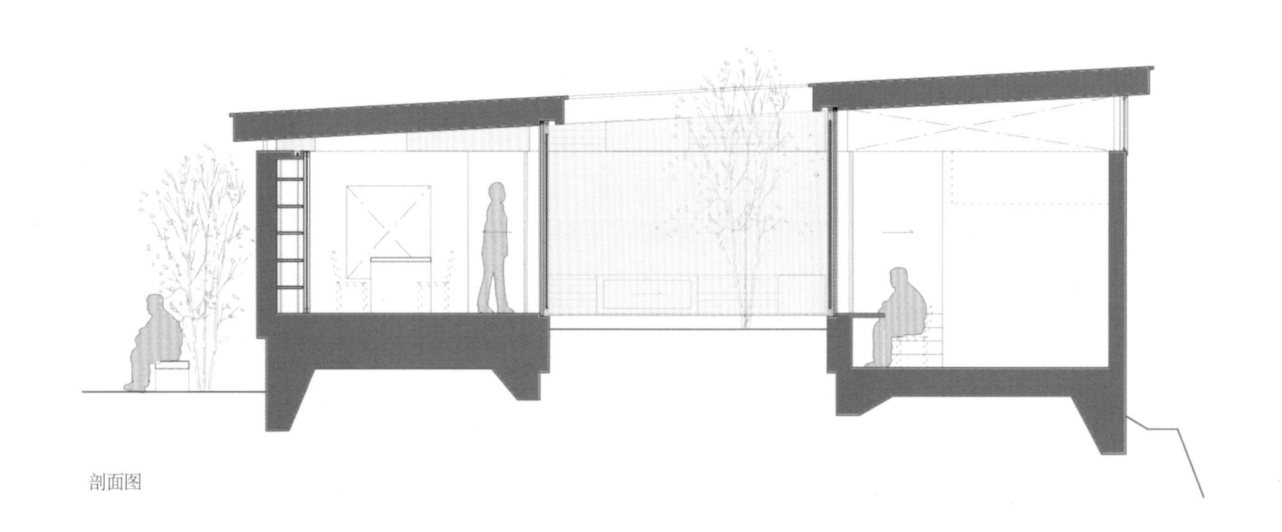

剖面图

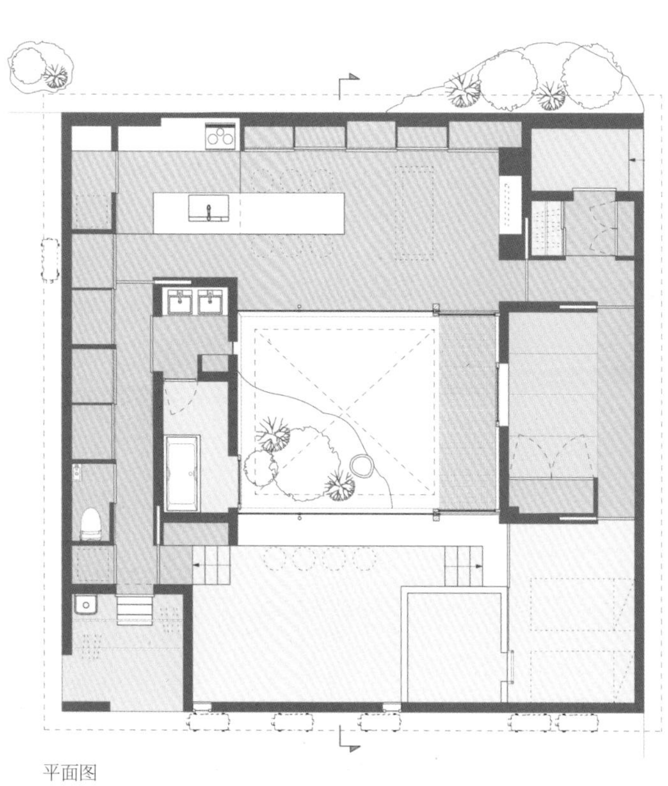

平面图

地点 /
日本，神户市

面积 /
139 平方米

完成时间 /
2016

设计 /
Tato 建筑事务所

摄影 /
新建筑社（Shinkenchiku-sha）

月见山住宅

城市花园

月见山住宅的业主希望容纳了客厅和其他房间的主体建筑，能够通过被篷布覆盖的庭院与附属建筑（浴室）相连。设计团队将起居空间设置在外部庭院和内部花园之间，同时外部庭院又被相邻的建筑包围，具有内部庭院的特征。为了能使借由门相连的花园和附属建筑在视觉上统一，建筑师采用了大胆的举措，将花园合并到住宅中，并打造了庭院。但是由于门必须具备防火功能，因此在玻璃尺寸和类型的使用上存在一定的限制。庭院与客厅之间使用了带有单窗格玻璃和轻木配件的门，并利用窗帘将浴室分隔为庭院的一部分。

人们可以随时打开庭院内的铝框门，以呼吸新鲜空气。尽管这栋住宅有巨大的天窗，但与外界空气保持气体交换可以避免室内闷热。庭院上方安装了可以让房屋快速通风的压力通风机。

月见山住宅项目清楚地展现了城市花园的发展潜力。城区的户外庭院通常缺乏树荫和适当的通风，而且容易成为蚊子和其他害虫的滋生地，因此人们往往很难在花园中度过舒适的时光。然而设计师用帐子挡住蚊虫后，庭院变成了一处较舒适的空间。另外，庭院在保证住户隐私的前提下，在一定程度上面向外部环境开放，

成为房屋内外部之间的重要接合面，而城市住宅往往是封闭的。对于室内环境的营造和住户之间的交流，庭院也充当着非常重要的角色。

一层平面图

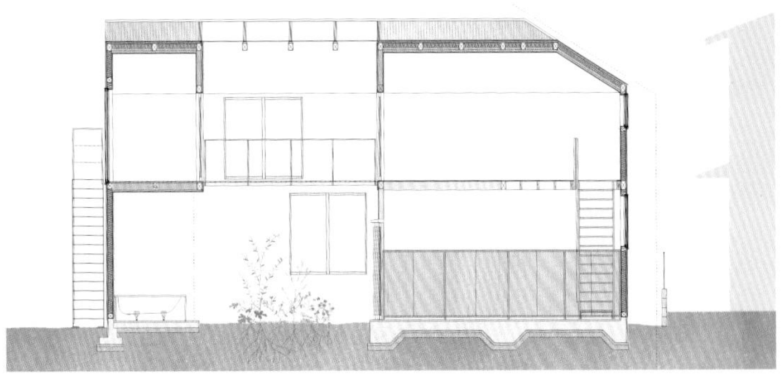

剖面图

地点 /
日本，宇都宫市

面积 /
141 平方米

完成时间 /
2015

设计 /
Yasumitsu Takano 建筑事务所

摄影 /
目黑信吉（Nobuyoshi Meguro），
冈村行则（Yukinori Okamura）

宇都宫市住宅

感受天空和绿植

该项目面向东北侧的道路，场地内有一排光叶榉，绿化区域向道路外延伸至建筑和北侧的停车场。东侧的外墙建在沿场地边界线靠后的位置，以留出空间种植与光叶榉相协调的高大树木（枫树、橡树等）。地面上生长着季节性花卉和苔藓，还铺有园林石，让路过的人赏心悦目。

门廊和入口处有两个楼梯，人们可以一边欣赏绿色的景致，一边走进住宅内部。从住宅的入口进入后，可以看到从日式房间的窗户射入的光线照亮了整个庭院。

各个房间设置在庭院的周围，房间之间留有一定的空隙。客厅内，透过北侧的高窗可以看到一排光叶榉和湛蓝的天空。餐厅的西墙被从天窗射入的自然光照亮。从日式房间的窗户可以看到庭院景观与城市风景融为一体。

二楼的前半段楼梯隐藏在墙壁后面，后半段楼梯被打造成一个精致巧妙的悬臂结构。每当上下楼梯时，人们都可以从各个方向看到不同的风景。二楼的每个房间都设置了一个靠窗的长凳。露台是一个半户外式空间，铺满了当地的石头。雨天时，一家人可以在这里享受难得的休闲时光。

无论身在住宅的哪个位置，你都能感受到天空和绿植的存在。

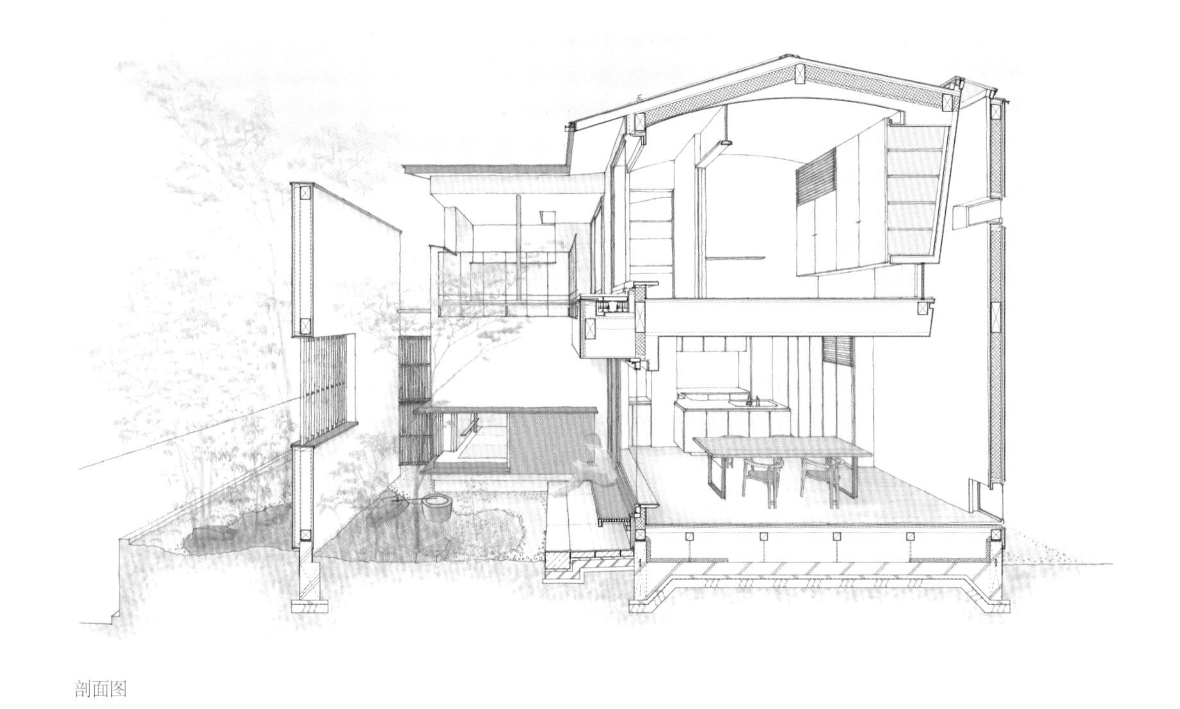

剖面图

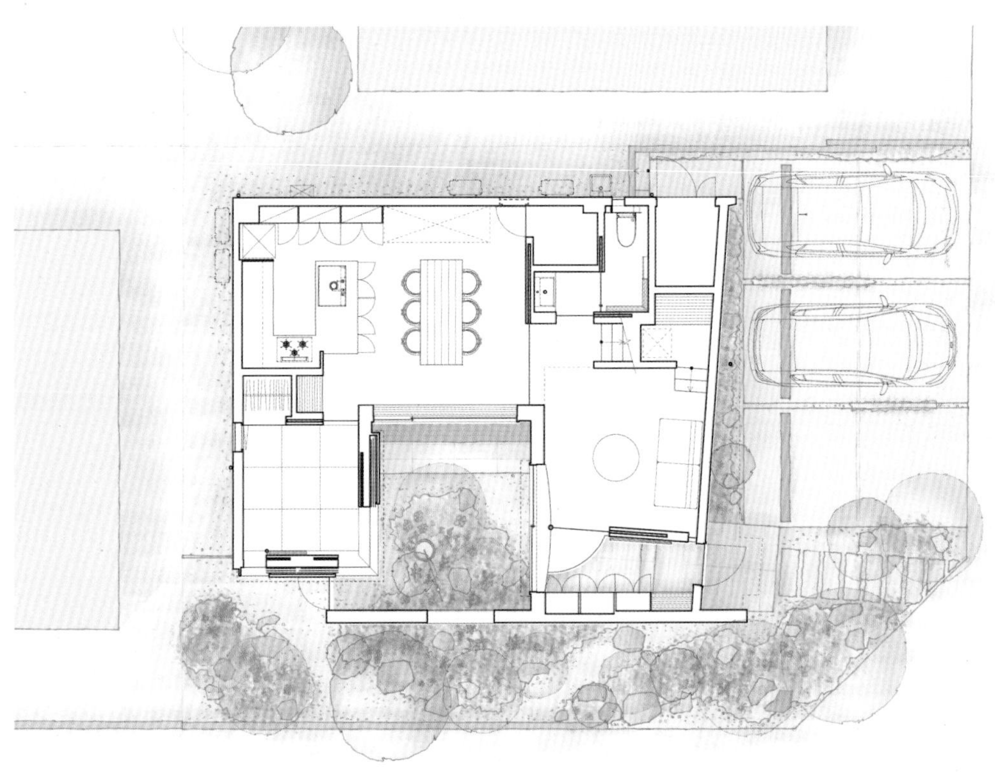

一层平面图

二层平面图

地点 /
日本，流山市

面积 /
88 平方米

完成时间 /
2017

设计 /
ikmo 建筑事务所

摄影 /
西川正夫（Masao Nishikawa）

流山住宅

拥有地势起伏的花园的房子

相比于以往，如今的日本住宅内部设施更加齐全，外立面也更加坚固。为了协调住宅内外之间的全新关系，使住宅与周围景观和社区自然地联系起来，设计团队将日本传统住宅的元素，如大型屋顶、土间（有夯土地面或混凝土地面的半室外区域）、围炉，以及用来隔开室内外空间的拉门融入了设计。

这栋住宅位于东京市附近郊区的一个住宅区内，大约建于40年前，住宅区内的房屋沿着山冈的缓坡与古老的神社排成一列。随着时代的变迁和铁路的开通，住宅区的人口数量不断增加，很多房屋也亟待翻新，但是南侧建有花园，并且采用斜屋顶的房屋风格被延续了下来。

为了方便照顾孩子，业主决定搬到这里，并要求设计团队打造一栋与这片住宅区内的房屋风格一致的住宅。项目之初，设计团队首先想到的是住宅的屋顶，而不是如何砌筑墙壁。巨大的屋顶撑起了下方房屋的空间，长宽均为3米的大方桌充当了厨房的操作台、餐桌、书桌，甚至台阶。各个空间均围绕这张桌子进行布局，空间内的各种活动为住宅增添了热闹的气氛。

为了在大型的木质屋顶下方打造一个开放的半室外区域，设计团队用长约8米的双交叉结构架起屋顶。屋梁将屋顶下方的空间划分成6个区域，例如，屋檐下方的露天土间、室内土间、高于地面的客厅、从屋顶探出的私人空间和屋顶露台等，每个区域都有各自的特点。设计团队移动了角落的立柱，以便观赏花园的景致，还能使住宅与相邻的房屋保持一定的间距。

方桌以外的多种活动区域及景象可以避免位于中央的方桌成为房间内唯一的焦点。四方的空间向外延伸至周围环境，在房屋外部和房屋中央之间创建了一种循序渐进的联系。半室外空间通过比道路高出近 1 米的地势起伏的花园与城镇相连。花园里有一座用多余土壤堆起的小山丘，上面长满了绿油油的三叶草。

从日式传统住宅中延续下来的元素将当代住宅区景观与过去的房屋形象联系了起来。

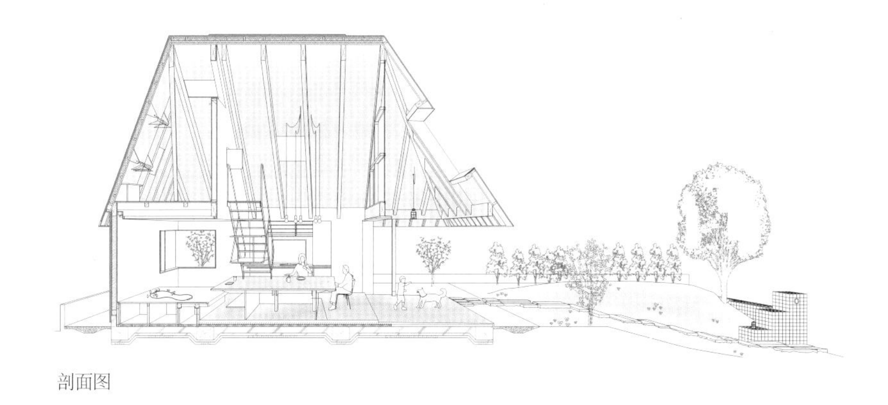

剖面图

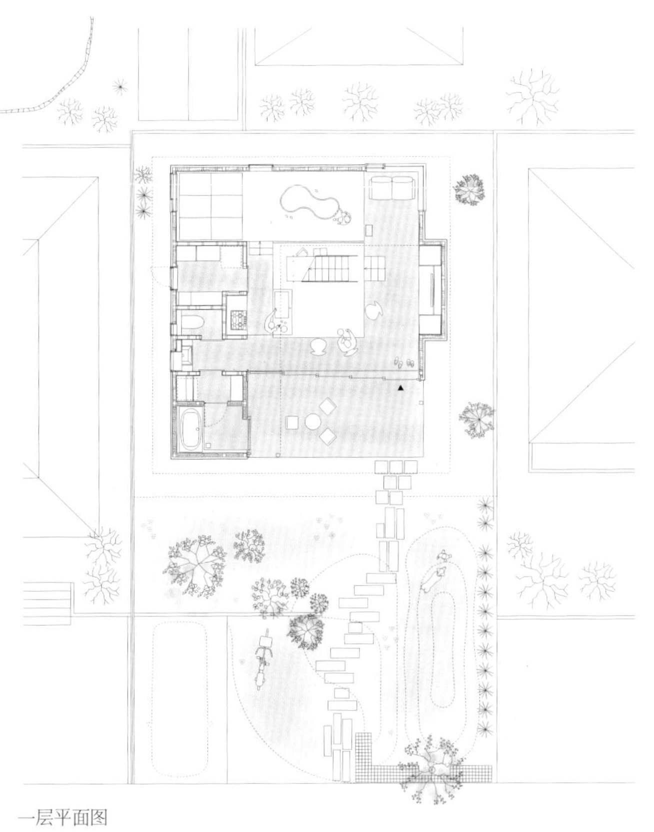

一层平面图

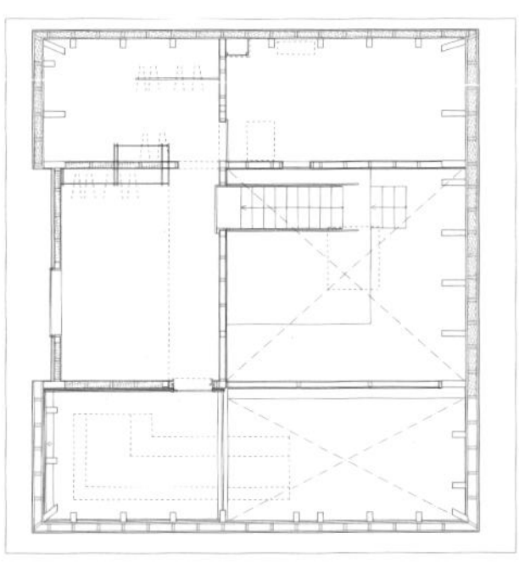

二层平面图

地点 /
日本，横滨市

面积 /
212 平方米

完成时间 /
2018

设计 /
acaa 建筑事务所

摄影 /
上田宏（Ueda Hiroshi）

地形的残像

打造小山丘式庭院

这栋双户住宅建在市郊的一处平坦地块上。地块的北面和东面都是公寓，有一种被周围环境俯视的感觉。然而，这里非常开阔，建筑和周围环境之间的庭院不仅使业主获得了一处满意的观景之所，还保护了业主的隐私。与此同时，庭院也成为保持年轻一代和老一代人之间良好关系的缓冲带。设计团队为老一代人和年轻一代打造了不同的居住空间，并用庭院填补中间的空隙。庭院是用地基施工过程中挖出的泥土堆成的小山丘，同时它还是一条步道，连接着北面的入口和南面的庭院。从马路上看，这个庭院的景观也增加了房屋的纵深，种植在这里的树木为街区增色不少。

建筑彼此独立的布局方式营造出一种平面转换的场景，因此，即便所有的窗户都打开也不会出现迎面相对的情况。此外，横截面的构造方式使年轻一代的住宅一楼比老一代人的住宅一楼高出整整 1 米，其结果是两代人需要向上或向下看才能看到对方，从而创造出足够的距离感。

剖面图

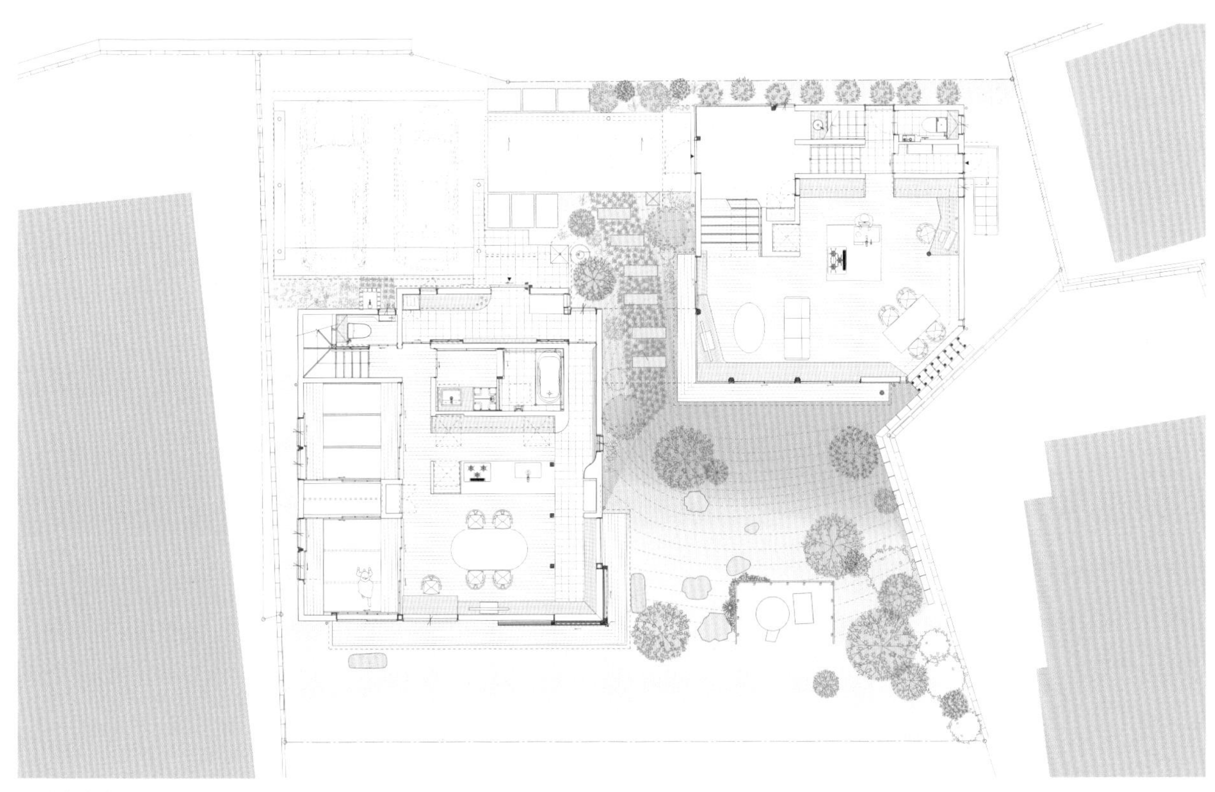

一层平面图

地点 /
日本，福冈市

面积 /
165 平方米

完成时间 /
2018

设计 /
acaa 建筑事务所

摄影 /
上田宏（Ueda Hiroshi）

地形的象征

在庭院中种植树木

这栋住宅建在开阔的市郊街区的一处地块上，四周（南面除外）被房屋和停车位环绕，这里的地面比路面高出约 1 米。

这是一对夫妇的养老居所，除了要为回家探亲的孩子们增设卧室外，还需要增加各种各样便利的生活空间。朝向相邻地块的方向有一扇大开窗，尽管这样似乎会影响住宅的私密性，但住宅拥有多个内部庭院，院内种植了郁郁葱葱的树木，可以有效阻挡外界的视线。同时，院内的光线和通风情况良好，业主在室内便可欣赏庭院的美景。设计团队最终为业主打造了一个既有开放环境又能保证私密性的生活空间。

穿过两阶式平台可以看到一条走道，走道旁有多个通向屋顶的楼梯。这样的布局不仅为一家人提供了开展各种家庭活动的场地，还增加了建筑本身的纵深感。

内部庭院的光线可以射入住宅中央的客厅，利用地块高差打造的跃层使日式房间可以被设置在台阶下，赋予空间一种低势而隐蔽的感觉。建筑南部二楼的高举架为住宅创造了一处明亮的空间，给人一种非常开放的感觉。

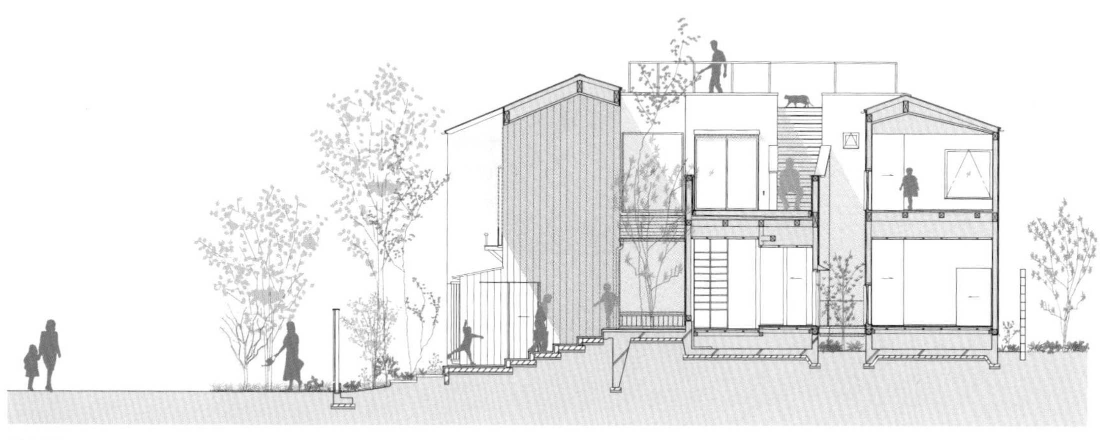

横剖图

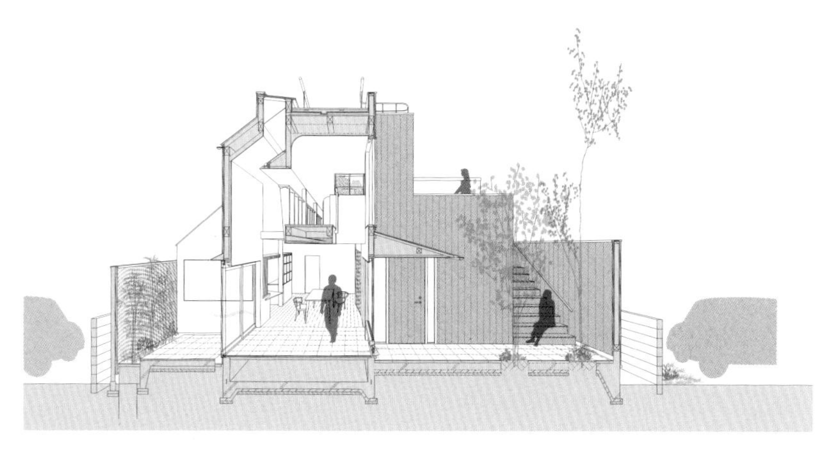

纵剖图

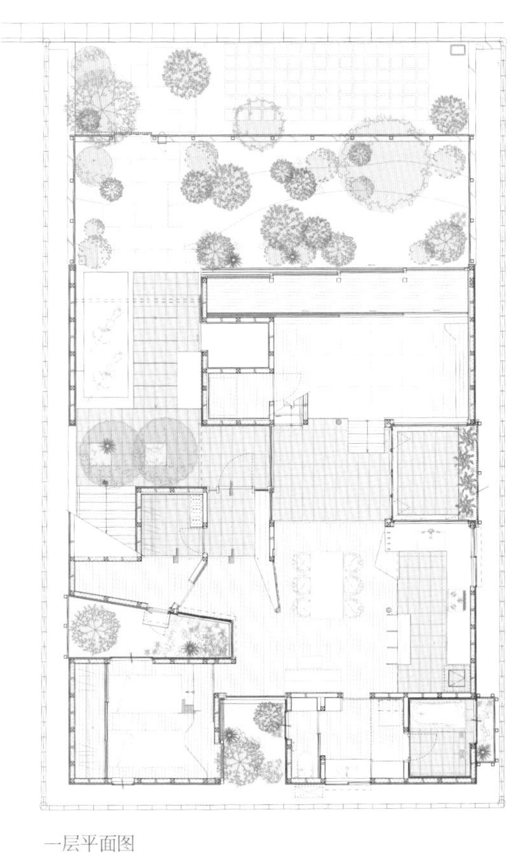

一层平面图

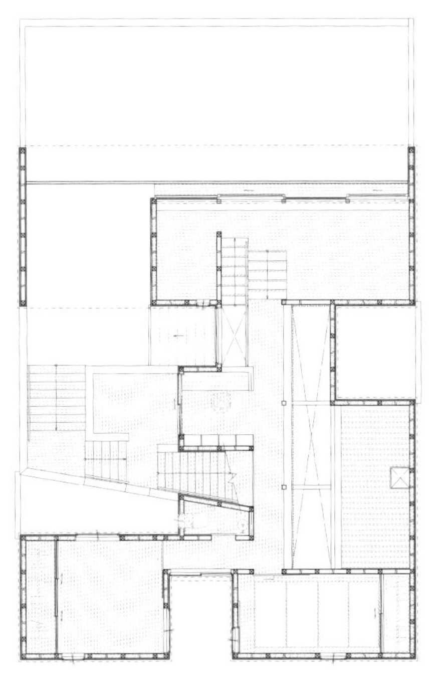

二层平面图

地点 /
日本，千叶市

面积 /
144 平方米

完成时间 /
2019

设计 /
DOG 建筑事务所

摄影 /
高桥奈央（Nao Takahashi）

底层架空式住宅

设计开放式庭院

住宅所在的场地是人工建造的，北侧和东侧有 3 米高的挡土墙，南侧有一道石砖矮墙。钢筋混凝土墙伫立在平坦的地面上，轻巧的木屋则倚墙而建。这种将底层停车场与上层居住空间通过“人造地基”分隔开来的建造方式在周边地区十分常见。

住宅底层的架空区域有扎实的地基，还有可供住户用餐和运动的开放式庭院空间。这类底层架空式住宅最初一般出现于湿地、坡地之类的天然场地，但在这里，它被建造在人工建造的场地上，因而属于“后天性”底层架空式住宅。

这种“后天性”底层架空式住宅的设计创造了一个铺满整个场地的半开放底层空间和一个能欣赏风景的二层空间。

此外，这种底层架空形式具有出色的防虫、防潮和防盗功能。在这片场地内，挡土墙和石砖矮墙的纹理与底层架空空间融为一体，这样一来，场地也能得到最大限度的利用。二层的起居区是围绕着天井布置的，这样不仅提升了住宅的采光和自然通风性能，还建立起一、二层之间的视觉联系。

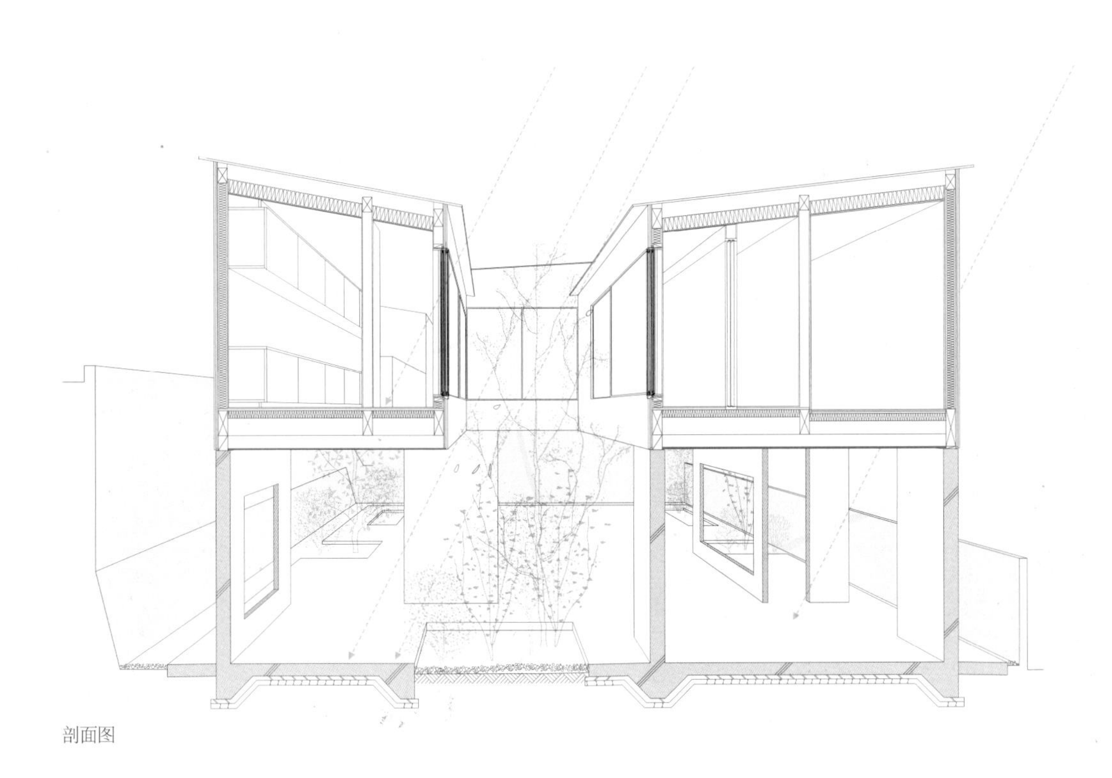

剖面图

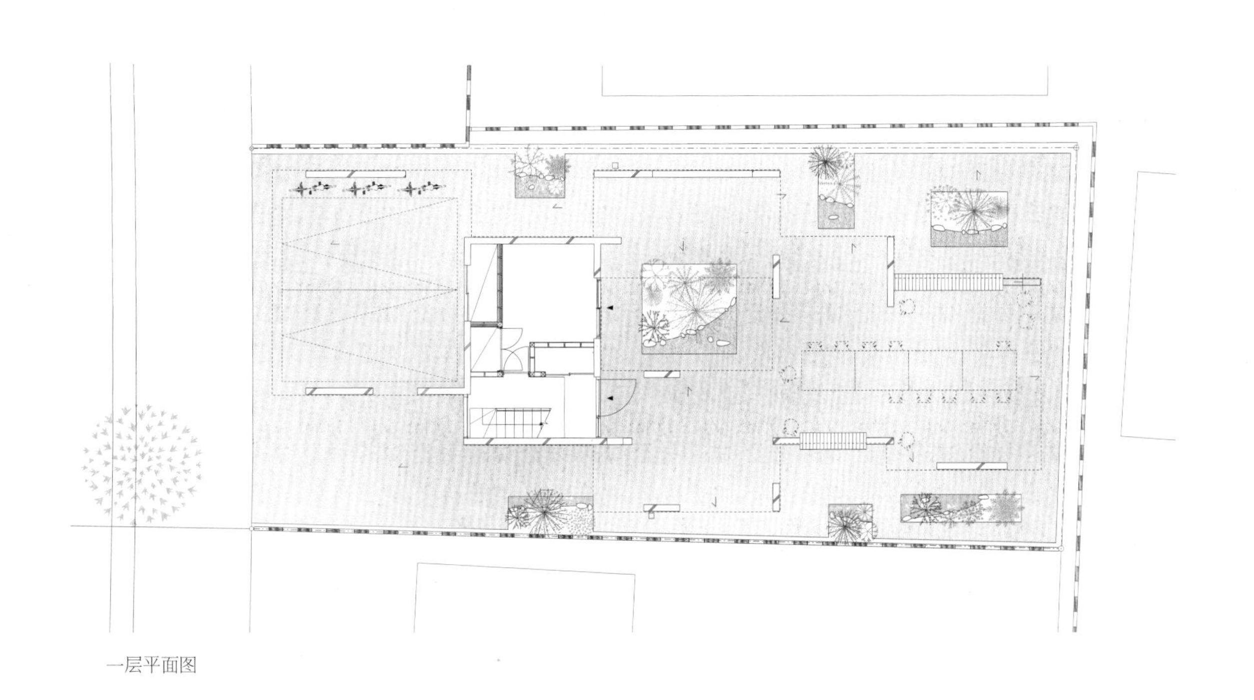

一层平面图

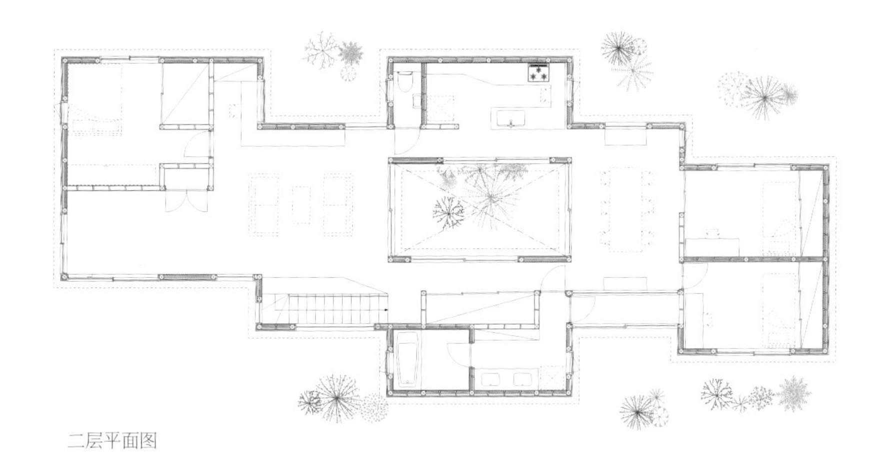

二层平面图

索引

图书在版编目(CIP)数据

日本住宅庭院导读 / (日) 猿田仁视编 ; 潘潇潇译 . — 桂林 : 广西师范大学出版社 , 2021.8 (2022.5 重印)
ISBN 978-7-5598-3735-6

Ⅰ. ①日… Ⅱ. ①猿… ②潘… Ⅲ. ①庭院-景观设计-日本
Ⅳ. ① TU986.631.3

中国版本图书馆 CIP 数据核字 (2021) 第 069797 号

日本住宅庭院导读
RIBEN ZHUZHAI TINGYUAN DAODU

责任编辑：冯晓旭
助理编辑：曲　克
装帧设计：吴　迪

广西师范大学出版社出版发行
（广西桂林市五里店路 9 号　　邮政编码：541004
网址：http://www.bbtpress.com）
出版人：黄轩庄
全国新华书店经销
销售热线：021-65200318　021-31260822-898
恒美印务（广州）有限公司印刷
（广州市南沙区环市大道南路 334 号　邮政编码：511458）
开本：787mm × 1 092mm　1/16
印张：16　字数：102 千字
2021 年 8 月第 1 版　2022 年 5 月第 2 次印刷
定价：188.00 元